中等职业学校规划教材

化学实验技术基础（Ⅰ）

第 二 版

朱永泰　主编

化学工业出版社
·北京·

本教材保持了第一版的中等职业教育的职业性、实践性、素养与技能复合性和以学生为主体等特色，对内容作了适当的精选、调整和充实。全书包括化学实验室常识、化学实验基本操作技术和化学实验基本测量技术三章。本教材简明扼要、图文并茂、通俗易懂、重点突出。

　　本书是中等职业学校化工工艺类专业的基础教材，也可作为其他中级化工职业教育、化工职工教育、化工技术培训的教材，还可作为化学、化工技术人员和管理人员自学读物和参考书。本书另附有实验报告，供学生使用。

图书在版编目（CIP）数据

化学实验技术基础（Ⅰ）/朱永泰主编. —2 版. —北京：化学工业出版社，2008.9（2022.9 重印）
中等职业学校规划教材
ISBN 978-7-122-03611-7

Ⅰ. 化…　Ⅱ. 朱…　Ⅲ. 化学实验-专业学校-教材
Ⅳ. O6-3

中国版本图书馆 CIP 数据核字（2008）第 132951 号

责任编辑：陈有华　旷英姿　　　　　文字编辑：刘志茹
责任校对：洪雅姝　　　　　　　　　装帧设计：刘丽华

出版发行：化学工业出版社（北京市东城区青年湖南街 13 号　邮政编码 100011）
印　　装：北京虎彩文化传播有限公司
787mm×1092mm　1/16　印张 10　字数 236 千字　　2022 年 9 月北京第 2 版第 6 次印刷

购书咨询：010-64518888　　　　　　售后服务：010-64518899
网　　址：http://www.cip.com.cn
凡购买本书，如有缺损质量问题，本社销售中心负责调换。

定　　价：28.00 元

前　　言

　　《化学实验技术基础（Ⅰ）》是全国化学化工中等教育多年改革的成果和结晶，2000 年 8 月荣获第五届中国石油和化学工业优秀教材一等奖。

　　本次修订保持了原书突破学科中心的传统教材体系，将四大化学的实验技术技能要求独立成课，体现了化工中等职业教育的职业性、实践性、素养与技能复合性和以学生为主体等特色。

　　本次修订在第一版的基础上对课程内容作了适当的精选、调整和充实，以体现在新的形势下，更好地与教育目标相适应。主要修订工作如下：

　　1. 在教材各章开始增添了知识目标和技能目标，明确本章教学中应把握的知识点。

　　2. 在有关章节中增加了"安全警示"，以强化对学生的职业安全教育。

　　3. 为弥补第一版中无气体制取、收集和尾气处理的知识和技能训练的内容，增补了"实验 2-3　氯化氢的制取与喷泉实验"。

　　同时精减了部分重复的内容。

　　4. 强化了安全用电常识，补充了电子天平、电测压力计等内容。

　　同时削弱了滴定管校正等个别内容。

　　当前，比起普通高校、高等职教众多的化学实验技术类版本问世，而中等化工职教实验技术教材则版本很少，期望本书对中等化工职业教育有所裨益。限于修订者水平有限，本书不妥之处在所难免，敬请读者批评斧正。

编者

2008 年 6 月

第一版前言

为了适应我国经济和社会的发展,培养跨世纪人才,教育战线正在发生着深刻的变化——从过去以学科体系为中心向以职业能力培养为中心转变。职业技术教育更加强调提高人的整体素质,增强动手能力。为此,全国化工中专教学指导委员会修订了教学计划。新的教学计划 1996 年已由化工部正式颁发。它反映了一些学校近年来的教育改革成果,优化组合了一些课程,其中包括将无机化学、有机化学、分析化学、物理化学等四门实验课综合成一门《化学实验技术基础》课。

化学历来具有理论与实验并重的好传统。过去"四大化学"在讲课的同时,都开设相应的实验课,很多实验用来验证理论,增加学生感性知识,这样做是很必要的。但由于实验课不是独立设置,学生对实验课亦不够重视,往往只注意"照方抓药",忽视了科学思维与动手能力的培养,学生在化学实验室的独立工作能力不强。为了加强学生实验室的动手能力,培养学生掌握较全面的化学实验知识和具备较强的独立工作能力,为学习后续课程及将来从事化工产品小试、质量检验、环境监测等工作打下基础,教学指导委员会决定将"四大化学"的实验课综合成独立设置的《化学实验技术基础》这门课。这门课程按化学实验基本操作、基本测量技术、物质的物理常数测定技术、混合物的分离技术、物质的制备技术、定量分析技术、化学和物理变化参数的测定技术等分类,删繁就简,避免不必要的重复,由易到难,循序渐进,增添一些新的实验内容,特别重视和强调基本操作、基本技能及方法的训练。这样做无疑将使学生更重视化学实验,提高实验兴趣,并受到较系统的训练,将来更能适应化工生产第一线的需要。在设置这门课的同时也考虑到将原有的一些性质试验、验证理论的实验仍然保留,随相应的化学课程进行。每册配有与实验内容对应的实验报告册,按照由浅入深、逐步提高的原则编写,随书发行。

化工中专教学指导委员会基础化学组承担了组织编写《化学实验技术基础》这门课教材的任务。聘请了河北化校朱永泰、雷和稳、李永进,常州化校丁敬敏、李弘,吉林化校张振宇、初玉霞、黄桂芝,上海化校邬宪伟、朱伟、徐刚毅、沐光荣分别编写 Ⅰ、Ⅱ、Ⅲ、Ⅳ 册。本册书由朱永泰担任主编,第二章第八节和第三章由雷和稳编写,实验 2-1～2-8 由李永进编写。其他部分由朱永泰编写。并由蒋鉴平、邓苏鲁、黄一石、李居参分别担任四册书的主审。全国化工中等专业学校很多老师如:陈维嘉、林俊杰、伍承樑、曹斌、黎春南、袁红兰、胡伟光、汤瑞湖、胡忠梅等参加了这套教材的讨论与审订工作。化工部人教司、化工出版社对本套教材的编审工作给予了充分的重视与支持。编写中参考书目和借鉴资料列在每册书后。经过二年多的辛勤工作,这套教材终于和大家见面了。但这毕竟是一门新的课程,还有很多地方不尽人意,在各校教学过程中肯定会发现一些疏漏之处,希望广大教师、学生在使用本书时能提出宝贵意见。

蒋鉴平
1997 年 7 月

目　录

绪　　论

"化学实验技术基础"是化学工艺类专业独立的必修的技术技能课。

高质量的化工技术员和化工生产第一线的工作人员必须了解化学实验的类型，具备化学实验常识；能正确选择和使用常见的实验仪器设备，了解它们的构造、性能；熟悉实验的原理和操作；具有较强的安全意识和环保意识；能比较全面地观察实验现象，正确测量、记录和处理实验数据；能初步使用有关的工具书，查阅有关的文献资料指导实践。也就是说化学工艺类专业的学生必须具备较高的化学实验素养、操作技能和初步进行化工产品小试的能力。"化学实验技术基础"就是为此目的和任务而设置的课程。

《化学实验技术基础》突出了化工中专教育的职业性、实践性、素养与技能的复合性、学生主体性的特点，即中专特色。教材内容的取材从职业需要出发，突破了以学科为中心的传统体系。首次将技术技能从理论教材的配套角色和从属地位中独立出来，将无机化学、有机化学、物理化学的大部分实验和化工分析的基本内容构筑成以技术技能训练为中心的新教材体系。少量属于验证理论、深化印象、巩固知识的性质实验合并于无机化学、有机化学的理论教材中。较为彻底地改革了重理论、轻技术；重讲授、轻训练；重教师主导、轻学生主体的传统教材模式。从而促进在教学中突出学生的主观能动性，从"教会"转变成"学会"；将教学重点从"学科学"向"用科学"转移，使职业特点、中专特色在教材中得到定位。

《化学实验技术基础》共分成四册，每册的基本内容如下：

（Ⅰ）化学实验室常识，化学实验基本操作技术，化学实验基本测量技术；

（Ⅱ）物质的物理常数测定技术，混合物的分离技术；

（Ⅲ）化学物质的制备技术，物质定量分析技术；

（Ⅳ）物理和化学变化参数的测定技术，实验数据处理技术，综合实验。

本教材与传统的实验教学截然不同，必须对教师、仪器设备、实验室的安排重新进行配置和布局，自始至终以技术技能训练为中心进行教学安排和运作。学习本课程时，为了达到预期的目的，除了有正确的学习态度、刻苦的学习精神外，还要有正确的学习方法。学习本课程大致可分成下列步骤。

预习　认真阅读教材，明确每节内容和每个实验的目的和要求、必须训练的技术技能、方法和过程，了解所用仪器设备的工作原理、性能和操作注意事项。在预习的基础上，简要列出操作训练的程序和要点。待上课时根据教师必要的讲解，修正自己的准备工作。

操作训练　根据教材的要求，认真操作，细心观察，如实做好必要的记录。对待实验和操作要持科学态度，严肃认真，严守规程，一丝不苟。要勤于思考，仔细分析，力争学会自己解决问题，遇到自己难以解决的疑难问题应及时请教师指导。

总结提高　实验训练完毕，要针对实验结果及过程中出现的问题和现象作出结论和解释，根据需要对数据进行处理、计算、绘图，最后写出书面报告，交指导教师审阅。

第一章 化学实验室常识

知识目标

1. 初步认识化学实验常用器皿及用途。
2. 初步了解常用化学试剂的属性及分级。
3. 了解实验室用水的质量要求及制备方法。
4. 了解常见试纸的性能及危险化学品的使用常识。
5. 熟悉化学实验室安全守则和用电常识。
6. 了解实验记录和实验报告的要求。

技能目标

1. 对简单实验按实际情况选用实验器皿及化学试剂的能力。
2. 掌握取用固体、液体试剂的能力。
3. 能正确熟练地使用量筒（杯）、台秤、滴定管、烧杯及常见试纸。
4. 具有在实验室中安全用电和防范危险化学品伤害的能力。
5. 具有书写简单实验报告和正确处理实验数据的能力。

第一节 化学实验常用器皿

化学实验常用的仪器、器皿、用具，种类繁多。成套成台的仪器设备将在今后实验使用时单独说明，本节仅介绍常用的玻璃仪器及其他常见简单的器皿和用具。

一、常用玻璃仪器和其他器具

实验室常用玻璃仪器的规格、用途、使用注意事项列于表 1-1 中。其他器皿、用具列于表 1-2 中。

表 1-1　常用玻璃仪器

仪器图示	规格及表示方法	一般用途	使用注意事项
试管与试管架	按质料分硬质、软质试管；又有普通试管和离心试管之分 普通试管有平口、翻口；有刻度、无刻度；有支管、无支管；具塞、无塞等几种(离心度管也有具刻度和无刻度的) 无刻度试管以直径×长度(mm)表示其大小规格。有刻度的试管规格以容积(mL)表示 试管架有木质和金属制品两类	用作少量试剂的反应容器，便于操作和观察 用于收集少量气体 离心试管用于沉淀分离 试管架用于承放试管	① 普通试管可直接用火加热，硬质的可加热至高温，但不能骤冷 ② 离心试管不能用火直接加热，只能用水浴加热 ③ 反应液体不超过容积的 1/2，加热液体不超过容积的 1/3 ④ 加热前试管外壁要擦干，要用试管夹。加热时管口不要对人，要不断振荡，使试管下部受热均匀 ⑤ 加热液体时，试管与桌面成 45°，加热固体时管口略向下倾斜

仪 器 图 示	规格及表示方法	一 般 用 途	使用注意事项
烧杯	有一般型和高型,有刻度和无刻度等几种 规格以容积(mL)表示,还有容积为 1mL、5mL、10mL 的微型烧杯	用作反应物量较多的反应容器 配制溶液和溶解固体等 还可作简易水浴	① 加热时先将外壁水擦干,放在石棉网上 ② 反应液体不超过容积的 2/3,加热时不超过 1/3
具塞锥形瓶　锥形瓶	有具塞、无塞等种类 规格以容积(mL)表示	作反应容器,可避免液体大量蒸发 用作滴定用的容器,方便振荡	① 滴定时所盛溶液不超过容积的 1/3 ② 其他同烧杯
碘量瓶	具有配套的磨口塞,规格以容积(mL)表示	与锥形瓶相同,可用于防止液体挥发和固体升华的实验	同锥形瓶
烧瓶	有平底、圆底;长颈、短颈;细口、磨口;圆形、茄形、梨形;二口、三口等种类 规格以容积(mL)表示,还有微量烧瓶	在常温和加热条件下作反应容器 作液体蒸馏容器,受热面积大。圆底的耐压,平底的不耐压,不能作减压蒸馏 多口的可装配温度计、搅拌器、加料管,与冷凝器连接	① 盛放的反应物料或液体不超过容积的 2/3,也不宜太少 ② 加热时要固定在铁架台上,预先将外壁擦干,下垫石棉网 ③ 圆底烧瓶放在桌面上,下面要有木环或石棉环,以免翻滚损坏
量杯和量筒	上口大下部小的叫量杯。有具塞、无塞等种类 规格以所能量取的最大容积(mL)表示	量取一定体积的液体	① 不能加热 ② 不能作反应容器,也不能用作混合液体或稀释的容器 ③ 不能量取热的液体 ④ 量度亲水溶液的浸润液体,视线与液面水平,读取与弯月面最低点相切刻度

仪 器 图 示	规格及表示方法	一 般 用 途	使用注意事项
吸管	吸管又叫吸量管,有分刻度线直管型和单刻度线大肚型两种;还分成完全流出式和不完全流出式,此外还有自动移液管 规格以所能量取的最大容积(mL)表示	准确量取一定体积的液体或溶液	① 用后立即洗净 ② 具有准确刻度线的量器不能放在烘箱中烘干,更不能用火加热烘干 ③ 读数方法同量筒
容量瓶	塞子是磨口塞,现在也有用塑料塞的。有量入式和量出式之分 规格以刻度线所示的容积(mL)表示	用于配制准确浓度的溶液	① 塞子配套,不能互换 ② 其他同吸管
碱式滴定管 微量滴定管 酸式滴定管 橡胶管 活塞 滴定管	具有玻璃活塞的为酸式滴定管,具有橡胶滴头的为碱式滴定管。用聚四氟乙烯制成的则无酸、碱式之分 规格以刻度线所示最大容积(mL)表示 还有微量滴定管	用于准确测量液体或溶液的体积 容量分析中的滴定仪器	① 酸式滴定管的活塞不能互换,不能装碱溶液 ② 其他同吸管
比色管	用无色优质玻璃制成 规格以环线刻度指示容量(mL)表示	盛溶液来比较溶液颜色的深浅	① 比色时必须选用质量、口径、厚薄、形状完全相同的比色管 ② 不能用毛刷擦洗,不能加热 ③ 比色时最好放在白色背景的平面上

仪 器 图 示	规格及表示方法	一 般 用 途	使用注意事项
试剂瓶	有广口、细口;磨口、非磨口;无色、棕色等种类 规格以容积(mL)表示	广口瓶盛放固体试剂 细口瓶盛放液体试剂或溶液 棕色瓶用于盛放见光易分解和不太稳定的试剂	① 不能加热 ② 盛碱溶液要用胶塞或软木塞 ③ 使用中不要弄乱、弄脏塞子 ④ 试剂瓶上必须保持标签完好,取液体试剂瓶倾倒时标签要对着手心
滴瓶 滴管	有无色、棕色两种,滴管上配有橡皮的胶帽 规格以容积(mL)表示	盛放液体或溶液	① 滴管不能吸得太满,也不能倒置,保证液体不进入胶帽 ② 滴管专用,不得弄乱、弄脏 ③ 滴管要保持垂直,不能使管端接触容器内壁,更不能插入其他试剂瓶中
称量瓶	分扁形、高形两种 规格以外径×高(cm)表示	用于称量;测定物质的水分	① 不能加热 ② 盖子是磨口配套的,不能互换 ③ 不用时洗净,在磨口处垫上纸条
表面皿	规格以直径(cm)表示	用来盖在蒸发皿上或烧杯上,防止液体溅出或落入灰尘。也可用作称取固体药品的容器	① 不能用火直接加热 ② 作盖用时直径要比容器口直径大些 ③ 用作称量试剂时要事先洗净、干燥
培养皿	规格以玻璃底盖外径(cm)表示	存放固体药品 作菌种培养繁殖用	① 固体样品放在培养皿中,可放在干燥器或烘干箱中干燥 ② 不能用火直接加热
漏斗	有短颈、长颈、粗颈、无颈等种类 规格以斗径(mm)表示	用于过滤;倾注液体导入小口容器中;粗颈漏斗可用来转移固体试剂 长颈漏斗常用于装配气体发生器,作加液用	① 不能用火加热,过滤的液体也不能太热 ② 过滤时漏斗颈尖端要紧贴承接容器的内壁 ③ 长颈漏斗在气体发生器中作加液用时,颈尖端应插入液面之下

仪 器 图 示	规格及表示方法	一 般 用 途	使用注意事项
分液漏斗	有球形、梨形、筒形、锥形等 规格以容积(mL)表示	互不相溶的液-液分离；在气体发生器中作加液用；对液体的洗涤和进行萃取；作反应器的加液装置	① 不能用火直接加热 ② 漏斗活塞不能互换 ③ 进行萃取时，振荡初期应放气数次 ④ 作滴液加料到反应器中时，下尖端应在反应液面下
抽滤瓶(或 布氏漏斗 吸滤瓶) 吸滤管	布氏漏斗有瓷制或玻璃制品，规格以直径(cm)表示 吸滤瓶以容积(mL)表示大小 吸滤管以直径×管长(mm)表示规格。磨口的以容积(mL)表示大小	连接到水冲泵或真空系统中进行晶体或沉淀的减压过滤	① 不能直接用火加热 ② 漏斗和吸滤瓶大小要配套，滤纸直径要略小于漏斗内径 ③ 过滤前，先抽气。结束时，先断开抽气管与滤瓶连接处再停抽气，以防止液体倒吸
洗瓶	有玻璃和塑料的两种，大小以容积(mL)表示	洗涤沉淀和容器	① 不能装自来水 ② 塑料的不能加热 ③ 一般都是自制
启普发生器	规格以容积(mL)表示	用于常温下固体与液体反应制取气体。通常固体应是块状或颗粒，且不溶于水，生成的气体难溶于水	① 不能用来加热或加入热的液体 ② 使用前必须检查气密性
洗气瓶	规格以容积(mL)表示	内装适当试剂，用于除去气体中的杂质	① 根据气体性质选择洗涤剂。洗涤剂应约为容积的1/2 ② 进气管和出气管不能接反

仪 器 图 示	规格及表示方法	一 般 用 途	使用注意事项
干燥塔	以容积(mL)表示	净化和干燥气体	① 塔体上室底部放少许玻璃棉,上面放固体干燥剂 ② 下口进气,上口出气。球形干燥塔内管进气
干燥器和真空干燥器	分普通干燥器和真空干燥器两种。以内径(cm)表示大小	存放试剂,防止吸潮。在定量分析中将灼烧过的坩埚放在其中冷却	① 放入干燥器的物品温度不能过高 ② 下室的干燥剂要及时更换 ③ 使用中要注意防止盖子滑动打碎 ④ 真空干燥器接真空系统抽去空气,干燥效果更好
干燥管	有直形、弯形、U形等形状,规格按大小区分	盛干燥剂干燥气体	① 干燥剂置于球形部分,U形的置于管中,在干燥剂面上放棉花填充 ② 两端大小不同的大头进气,小头出气
冷凝管	有直形、球形、蛇形、空气冷凝管等多种,大小以外套管长(cm)表示。还有标准磨口的冷凝管	在蒸馏中作冷凝装置球形的冷却面积大,加热回流最适用 沸点高于140℃的液体蒸馏可用空气冷凝管	① 装配仪器时,先装冷却水胶管,再装仪器 ② 通常从下支管进水从上支管出水,开始进水须缓慢,水流不能太大

仪 器 图 示	规格及表示方法	一 般 用 途	使用注意事项
水分离器	多为磨口玻璃制品	用于分离不相混溶的液体,在酯化反应中分离微量水	
蒸馏头和加料管	标准磨口仪器	用于蒸馏,与温度计、蒸馏瓶、冷凝管连接	① 磨口处必须洁净,不得有脏物。一般无须涂润滑剂,但接触强碱溶液应涂润滑剂 ② 安装时,要对准连接磨口,以免受歪斜应力而损坏 ③ 用后立即洗净,注意不要使磨口连接黏结而无法拆开
接头和塞子	标准磨口仪器	连接不同规格的磨口和用作塞子	同蒸馏头
接液管	标准磨口仪器,也有非磨口的,分单尾和双尾两种	承接蒸馏出来的冷凝液体	同蒸馏头

表 1-2 常用的其他器皿和用具

器皿用具图示	规格及表示方法	一般用途	使用注意事项
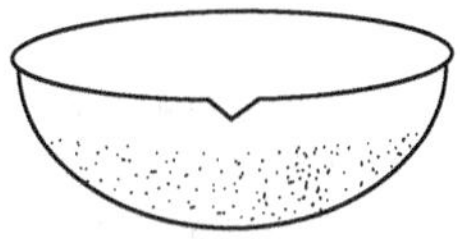 蒸发皿	有瓷、石英、铂等制品。以上口直径(mm)或容积(mL)表示大小	蒸发或浓缩溶液,也可作反应器,还可用于灼烧固体	① 能耐高温,但不宜骤冷 ② 一般放在铁环上直接用火加热,但要预热后再提高加热强度
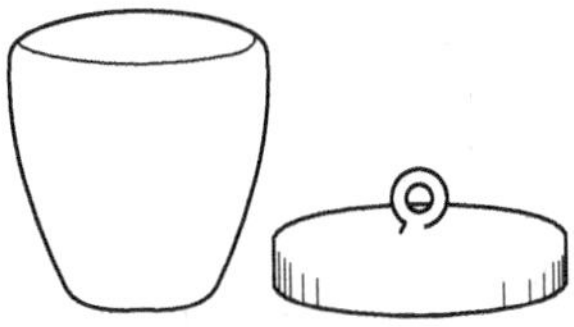 坩埚	有瓷、石墨、铁、镍、铂等材质制品。以容积(mL)表示大小	熔融和灼烧固体	① 根据灼烧物质的性质,选用不同材质的坩埚 ② 耐高温,直接用火加热,但不宜骤冷 ③ 铂制品要按照专门的说明使用
 研钵	有玻璃、瓷、铁、玛瑙等质材制品,以口径(mm)表示	混合、研磨固体物质	① 不能作反应容器,放入物质量不超过容积的1/3 ② 根据物质性质选用不同材质的研钵 ③ 易爆物质只能轻轻压碎,不能研磨
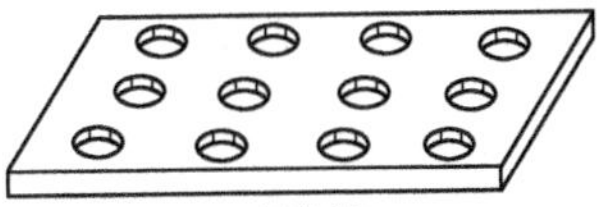 点滴板	上釉瓷板,分黑、白两种	在上面进行点滴反应,观察沉淀生成或颜色	
 水浴锅	有铜、铝等材料制品	用作水浴加热	① 选择好圈环,使受热器皿浸入锅中2/3 ② 注意补充水,防止烧干 ③ 使用完毕,倒出剩余的水,擦干
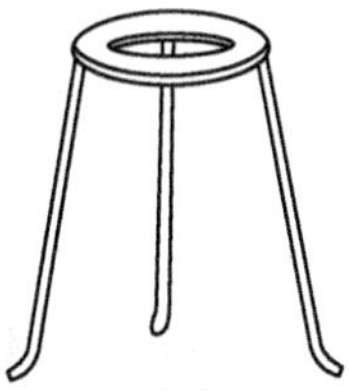 三脚架	铁制品,有大、小,高、低之分	放置加热器	① 必须受热均匀的受热器先垫上石棉网 ② 保持平稳
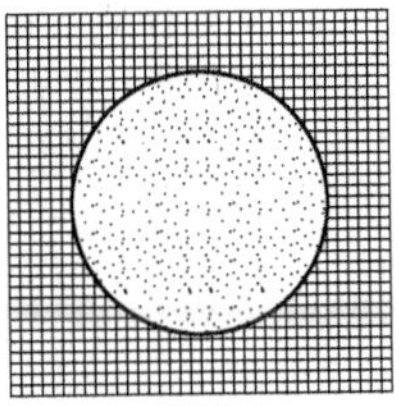 石棉网	由铁丝编成,涂上石棉层。有大小之分	承放受热容器,使加热均匀	① 不要浸水或扭拉,损坏石棉 ② 石棉致癌,已逐渐用高温陶瓷代替

10

器皿用具图示	规格及表示方法	一般用途	使用注意事项
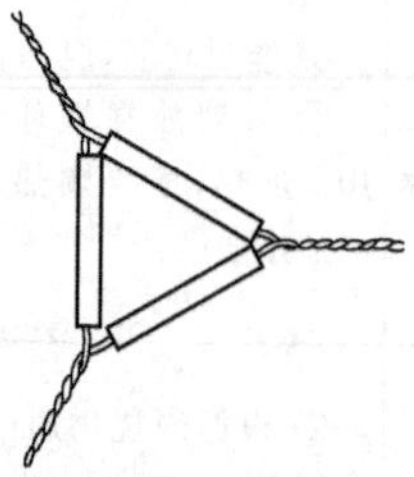 泥三角	由铁丝编成上套耐热瓷管,有大小之分	坩埚或小蒸发皿直接加热的承放者	① 灼烧后不要滴上冷水,保护瓷管 ② 选择泥三角的大小要使放在上面的坩埚露在上面的部分不超过本身高度的1/3
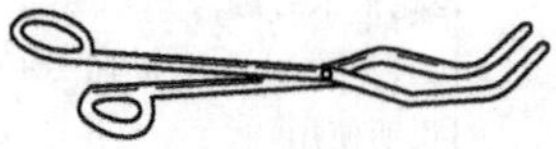 坩埚钳	铁或铜合金制成,表面镀铬	夹取高温下的坩埚或坩埚盖	必须先预热再夹取
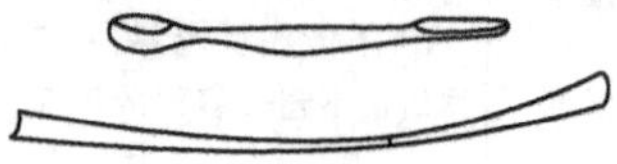 药匙	由骨、塑料、不锈钢等材料制成	取固体试剂	根据实际选用大小合适的药匙,取量很少时用小端。用完洗净擦干,才能取另外一种药品
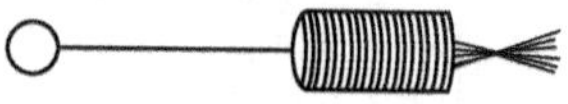 毛刷	规格以大小和用途表示,如试管刷、滴定管刷、烧杯刷等	洗刷仪器	毛不耐碱,不能浸在碱溶液中。洗刷仪器时小心顶端戳破仪器
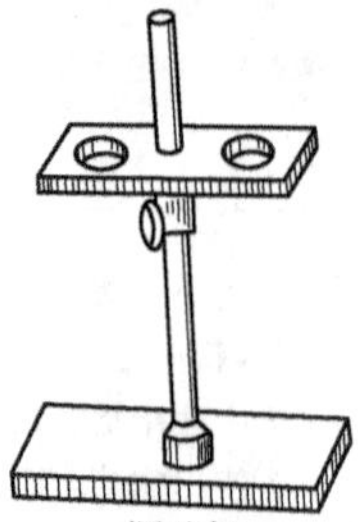 漏斗架	木制,由螺丝可调节固定上板的位置	过滤时上面承放漏斗,下面放置滤液承接容器	
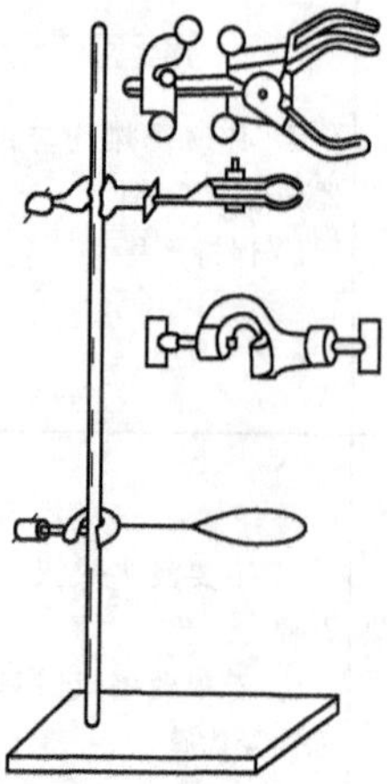 铁架台、铁圈及铁夹	铁架台用高(cm)表示。铁圈以直径(cm)表示。铁夹又称自由夹,有十字夹、双钳、三钳、四钳等类型也有用铝、铜制的制品	固定仪器或放容器,铁环可代替漏斗架使用	① 固定仪器应使装置重心落在铁架台底座中部,保证稳定 ② 夹持仪器不宜过紧或过松,以仪器不转动为宜

器皿用具图示	规格及表示方法	一般用途	使用注意事项
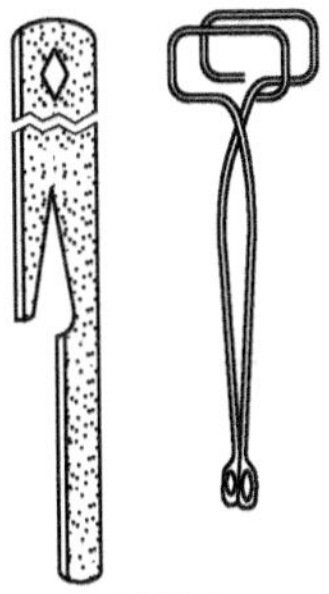 试管夹	用木、钢丝制成	夹持试管加热	① 夹在试管上部 ② 手持夹子不要把拇指按在管夹的活动部位 ③ 要从试管底部套上或取下
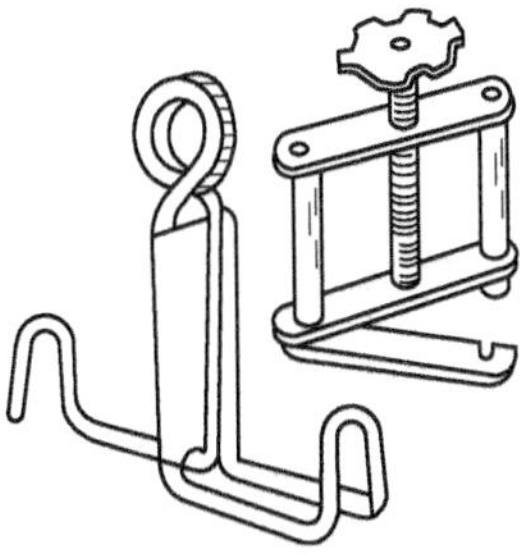 夹子	有铁、铜制品，常用的有弹簧夹和螺旋夹两种	夹在胶管上勾通、关闭流体通路，或控制调节流量	

安全警示：为了安全和不损坏器皿，必须严格按器皿的用途和注意事项要求使用仪器。

二、常用仪器分类

为了正确地选取和使用仪器和用具，将实验室中常用仪器按用途分类如下。

（1）计量类　用来测量物质某种特定性质的仪器。如天平、温度计、吸管、滴定管、容量瓶、量筒（杯）等。

（2）反应类　用来进行化学反应的仪器。如试管、烧杯、锥形瓶、多口烧瓶等。

（3）加热类　能产生热源来加热的器具。如电炉、高温炉、烘干箱、酒精灯、煤气灯等。

（4）分离类　用于过滤、分馏、蒸发、结晶等物质分离提纯的仪器。如蒸馏瓶、分液漏斗、过滤用的布氏漏斗或普通漏斗等。

（5）容器类　盛装药品、试剂的器皿。如试剂瓶、滴瓶、培养皿等。

（6）干燥类　用于干燥固体、气体的器皿。如干燥器、干燥塔等。

（7）固定夹持类　固定、夹持各种仪器的器具。如各种夹子、铁架台、漏斗架等。

（8）配套类　在组装仪器时用来连接的器具。如各种塞子、磨口接头、玻璃管、T形管等。

（9）电器类　干电池、蓄电池、开关、导线、电极等。

（10）其他类。

思 考 题

1. 实验室中用来量取液体体积的仪器有哪些？
2. 实验室中可用酒精灯加热的仪器有哪些？
3. 烧杯有哪些用处？

第二节 化学试剂的一般知识

化学试剂广义的指实现化学反应而使用的化学药品；狭义的指化学分析中为测定物质的成分或组成而使用的纯粹化学药品。

一、化学试剂的等级

化学实验室中有各种各样的试剂，根据用途可分为通用试剂和专用试剂。专用试剂大都只有一个级别，如生物试剂、生化试剂、指示剂等。通用试剂按我国国家标准分为四级。如表1-3。

表1-3 化学试剂纯度级别

级 别	一级品	二级品	三级品	四级品
名 称	保证试剂 优级纯	分析试剂 分析纯	化学纯	实验试剂
代 号	G. R.	A. R.	C. P.	L. R.
标签颜色	绿色	红色	蓝色	黄色

一些高纯试剂常常还有专门的名称，如光谱试剂、色谱纯试剂、基准试剂等。每种常用试剂都有具体的标准，例如 GB 642—86 对重铬酸钾规定见表1-4。

表1-4 重铬酸钾标准

级 别		优级纯	分析纯	化学纯
$K_2Cr_2O_7$ 含量/% ≥		99.8	99.8	99.5
杂质最高含量	水不溶物/%	0.003	0.005	0.01
	干燥失重/%	0.06	0.05	
	氯化物(Cl^-)/%	0.001	0.002	0.005
	硫酸盐(SO_4^{2-})/%	0.005	0.01	0.02
	钠(Na)/%	0.02	0.05	0.1
	钙(Ca)/%	0.002	0.002	0.01
	铁(Fe)/%	0.001	0.002	0.005
	铜(Cu)/%	0.001		
	铅(Pb)/%	0.05		

试剂纯度愈高其价格愈高，应该按实验的目的和要求选用不同规格的试剂，技术配套、经济合理、满足要求是实验取用试剂的基本原则。

二、试剂的取用

固体试剂应装在广口瓶中。液体试剂和配制的溶液则盛在细口瓶中或带有滴管的滴瓶中。见光易分解的试剂如硝酸银、高锰酸钾等盛放在棕色瓶中。每一瓶试剂瓶上都必须保持标签完好，注明试剂名称、规格、制备日期、浓度等，可以在标签外面涂上一层薄蜡来保护。

取用药品时应先核对标签上说明，看其与欲取试剂是否一致。打开瓶塞将它反放在桌面上，如果瓶塞顶不是平顶而是扁平的，则用食指和中指夹住瓶塞（或放在清洁的表面皿上），绝不可将它横置桌上受到沾污。不得用手直接接触化学试剂。取量要合适，既能节约药品又能得到良好的实验结果。取完药品后一定要把瓶塞及时盖好，将试剂瓶放回原处，标签朝外。

1. 固体试剂的取用

① 取固体试剂要用洁净干燥的药匙，它的两端分别是大小两个匙，取较多试剂时用大匙，取少量试剂或所取试剂要加入到小口径试管中时，则用小匙。应专匙专用，用过的药匙必须洗净擦干后才能再使用。

② 不要超过指定用量取药，多取的不能倒回原瓶，可以放到指定的容器中供他人用。

③ 取用一定质量的试剂时，把固体试剂放在称量纸上称量。具有腐蚀性或易潮解的固体应放在表面皿上或玻璃容器内称量。

④ 往试管特别是湿试管中加入固体试剂，用药匙或将药品放在由干净光滑的纸对折成的纸槽中，伸进试管约 2/3 处，如图 1-1、图 1-2 所示。加入块状固体应将试管倾斜，使其沿管壁慢慢滑下，如图 1-3 所示，以免碰破管底。操作要点可归纳为"一送、二竖、三弹"。

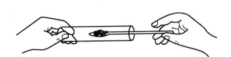
图 1-1　用药匙往试管里送入固体试剂

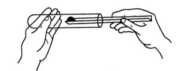
图 1-2　用纸槽往试管里送入固体试剂

⑤ 块状、大颗粒固体常用镊子取用，要点是一横试管、二放送、三慢竖。固体颗粒较大需要粉碎时，放入洁净而干燥的研钵中研磨，放入的固体量不得超过钵容量的 1/3，如图 1-4 所示。

安全警示：易爆品和氧化剂及有机过氧化物大块固体，不能研磨，只能小心地压碎。

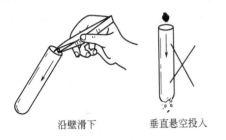
沿壁滑下　　垂直悬空投入
图 1-3　块状固体加入法

图 1-4　块状固体研磨

2. 液体试剂的取用

① 从滴瓶中取用液体试剂　滴管不能充有试剂放置在滴瓶中，也不能盛液倒置或管口向上倾斜放置，避免试液被胶帽污染，如图 1-5～图 1-7 所示。取用试液时，提取滴管使管口离开液面。用手指紧捏胶帽排出管中空气，然后插入试液中，放松手指吸入试液。再提取滴管垂直地放在试管口或承接容器上方，将试剂逐滴滴下，见图 1-8。切不可将滴管伸入试

管中。用毕将滴管中剩余试液挤回原滴瓶，随即放回原处。滴管只能专用。

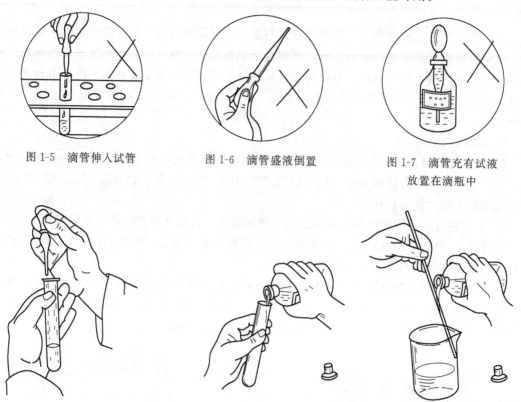

图 1-5 滴管伸入试管   图 1-6 滴管盛液倒置   图 1-7 滴管充有试液
                                                           放置在滴瓶中

图 1-8 滴加试剂   图 1-9 倾注法

有些实验试剂用量不必十分准确，要学会估计液体量，如一般滴管 20～25 滴约 1mL。10mL 试管中试液约占 1/5，则试液约为 2mL。

② 从细口瓶中取用试剂 用倾注法，将塞子取下，反放在桌面上或用食指与中指夹住，手心握持贴有标签的一面，逐渐倾斜瓶子让试剂沿着洁净的试管内壁流下，或者沿着洁净的玻璃棒注入烧杯中，见图 1-9。取出所需量后，应将试剂瓶口在容器口边或玻璃棒上靠一下，再逐渐竖起瓶子，以免遗留在瓶口的液滴流到瓶的外壁，见图 1-10。技术要点可归纳为：一反放塞、二标签向手心持试剂瓶、三瓶口靠近试管口、四试剂沿试管内壁慢慢流下。悬空而倒和瓶塞底部沾桌都是错误的，如图 1-11。

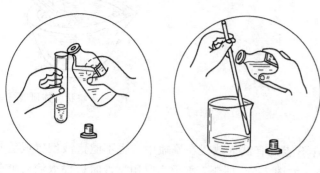

图 1-10 最后瓶口靠一下   图 1-11 悬空而倒，塞底沾桌

③ 用量筒（杯）定量取用试剂 选用容量适当的量筒（杯）按图 1-12、图 1-13 所示要

求量取。对于浸润玻璃的透明液体（如水溶液），视线与量筒（杯）内液体凹液面最低点水平相切；对浸润玻璃的有色不透明液体或不浸润玻璃的液体，如水银则要看凹液面上部或凸液面的上部。

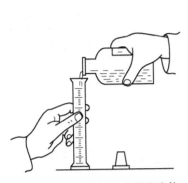

图 1-12　用量筒倾注法量取液体

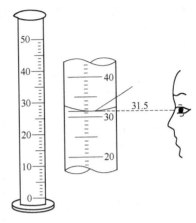

图 1-13　对量筒内液体体积读数

3. 有毒化学品的取用

有毒化学品要在教师指导下取用。

三、化学试剂的保管

实验室内应根据药品的性质、周围环境和实验室设备条件，确定药品的存放和保管方式。既要保证不发生火灾、爆炸、中毒、泄漏等事故；又要防止试剂变质失效，标签脱落使试剂混淆等，从而达到保质、保量、保安全的要求，使实验能够顺利进行。一般原则是根据试剂性质和特点分类保管，见表 1-5。

表 1-5　化学试剂分类和贮存条件

类　别	特　　点	贮　存　条　件	试　剂　举　例
易燃类	① 可燃气体　凡遇火、受热、与氧化剂接触能引起燃烧或爆炸的气体 ② 可燃液体　易燃烧而在常温下呈液态的物质。闪点[①]小于45℃的称易燃液体，闪点大于45℃的称可燃液体 ③ 可燃性固体物质　凡是遇火、受热、撞击、摩擦或与氧化剂接触能着火的固体物质。燃点[②]小于300℃的称易燃物质，燃点高于300℃的称可燃物质	气体贮存于专门的钢瓶中。阴凉通风，温度不超过30℃；与其他易发生火花的器物和可燃物隔开存放；特殊标志，闪点在25℃以下的存放温度理想条件为-4～4℃	① 氢气、甲烷、乙炔、乙烯、煤气、液化石油气等 氧气、空气、氯气、氟气、氧化亚氮、一氧化氮、二氧化氮等 ② 乙醚、丙酮、汽油、苯、乙醇等正戊醇、乙二醇、甘油等 ③ 赤磷、黄磷、三硫化磷、五硫化磷等
剧毒类	通过皮肤、消化道和呼吸道侵入人体内破坏人体正常生理机能的物质称毒物。毒物的毒性指标常用半致死量 LD_{50}(mg·kg^{-1})或半致死浓度 LC_{50}(10^{-6})表示。 LD_{50}<10 剧毒 LD_{50} 11～100 高毒 LD_{50} 101～1000 中等毒，实验室习惯将 LD_{50}<50 者归入此类	固液体物与酸类隔开，阴凉干燥，专柜加锁，特殊标记	氰化物、三氧化二砷及其他剧毒砷化物、汞及其他剧毒汞盐、硫酸二甲酯、铬酸盐、苯、一氧化碳、氯气等

类别	特点	贮存条件	试剂举例
强腐蚀类	对人体皮肤、黏膜、眼、呼吸器官及金属有极强腐蚀性的液体和固体	阴凉通风,与其他药品隔离放置。选用抗腐蚀材料做存放架,架不宜过高以保证存取搬动安全。温度30℃以下	发烟硫酸、浓硫酸、浓盐酸、硝酸、氢氟酸、苛性碱、醋酐、氯乙酸、浓醋酸、三氯化磷、溴、苯酚、硫化钠、氨水等
燃烧爆炸类	① 本身是炸药或易爆物 ② 遇水反应猛烈,发生燃烧爆炸 ③ 与空气接触氧化燃烧 ④ 受热、冲击、摩擦、与氧化剂接触燃烧爆炸	温度在30℃以下,最好在20℃以下保存。与易燃物、氧化剂隔开。用防爆架放置,在放置槽内放砂为垫并加木盖。特殊标记。②与"强氧化剂类"放在一起贮存	① 硝化纤维、苦味酸、三硝基甲苯、叠氮化合物和重氮化合物、乙炔银、高氯酸盐、氯酸钾等 ② 钠、钾、钙、电石、氢化锂、硼化合物等 ③ 白磷等 ④ 硫化磷、红磷、镁粉、锌粉、铝粉、萘、樟脑等
强氧化剂类	过氧化物或强氧化能力的含氧酸盐	阴凉、通风、干燥,室温不超过30℃。与酸类、木屑、炭粉、糖类、硫化物等还原性物质隔开。包装不要过大,注意通风散热	硝酸盐、高氯酸及其盐、重铬酸盐、高锰酸盐、氯酸盐、过硫酸盐、过氧化物等
放射类	具有放射性的物质	远离易燃易爆物,装在磨口玻璃瓶中,放入铅罐或塑料罐中保存	醋酸、铀酰、硝酸钍、氧化钍、钴60等
低温类	低温才不致聚合变质或发生事故	温度在10℃以下	苯乙烯、丙烯腈、乙烯基乙炔,其他易聚合单体、过氧化氢、浓氨水
贵材类	价格昂贵及特纯的试剂,稀有元素及其化合物	小包装,单独存放	钯黑、铂及其化合物、锗、四氯化钛等
指示剂及有机试剂类		专柜按用途分类存放	
易潮解类	易吸收空气中水分潮解变质的物质	30℃以下和温度在80%以下。干燥阴凉,通风良好。或密闭封存	氯化铝、醋酸钠、氧化钙、漂白粉、绿矾等
其他类	除上述10类之外的有机、无机药品	阴凉通风,在25~30℃保存。可按酸、碱、盐分类保管	

① 液体表面上的蒸气刚足以与空气发生闪燃的最低温度叫闪点。

② 可燃物质开始持续燃烧所需的最低温度称该物质的着火点或燃点。

2002年国务院颁布了《危险化学品安全管理条例》,对危险化学品的生产、经营、贮存、运输、使用、废弃物处理都有明确规定,必须遵照执行。

思 考 题

1. 化学试剂的标签上包含哪些内容?
2. 如何取用固体试剂?
3. 如何取用液体试剂?
4. 用量筒量取10mL水、$KMnO_4$ 溶液、碘溶液时,如何读数?如果是温度计中的水银柱,应该怎样读数?
5. 分别写出3~5种实验室中常用的易燃易爆、强腐蚀性、剧毒的化学药品的名称。

第三节　化学实验用水

水是一种使用最广泛的化学试剂,特别是作为最廉价的溶剂和洗涤液,在人们的生活、生产、科学研究中都离不开它。水质的好坏直接影响化工产品的质量和实验结果。各种天然水由于长期和土壤、空气、矿物质等接触，都不同程度地溶有无机盐、气体和某些有机物等杂质。无机盐主要是钙和镁的酸式碳酸盐、硫酸盐、氯化物等；气体主要是氧气、二氧化碳和低沸点易挥发的有机物等。一般来讲，水中离子性杂质多少的程度是：盐碱地水＞井水（或泉水）＞自来水＞河水＞塘水＞雨水；有机物杂质多少顺序是：塘水＞河水＞井水＞泉水＞自来水。因此，天然水、自来水都不宜直接用来做化学实验。我国分析实验室用水已经有了国家标准，GB 6682—92规定实验用水的技术指标见表1-6。

表1-6 实验室用水级别及主要指标

指 标 名 称		一 级	二 级	三 级
pH 范围(25℃)①		—	—	5.0~7.5
电导率(25℃)/mS·m^{-1}	≤	0.01	0.10	0.50
吸光度(254nm,1cm 光程)	≤	0.001	0.01	
二氧化硅/mg·L^{-1}	≤	0.02	0.05	
可氧化物限度试验②			符合	符合

① 高纯水的 pH 难以测定，故一、二级水没有规定 pH 要求。

② 取样 100mL，加 10.0mL 密度为 98g·L^{-1}硫酸溶液和 1.0mL 浓度为 0.01mol·L^{-1}的高锰酸钾溶液，加盖煮沸5min，与加热对照水样比较所呈淡黄色未完全消失则符合规定。说明该水中易氧化的有机物杂质没有超标。

理论纯水电导率为 $5.5×10^{-8}$S·m^{-1}。一般自来水电导率为 $5.3×10^{-4}$~$5.0×10^{-3}$S·m^{-1}，其电阻率约为 $3×10^3$Ω·cm。电阻率与电导率概念和单位均不同，通常不能换算。可见，天然水要达到上述技术标准，必须进行净化处理制备纯水。常用的制备方法有蒸馏法、离子交换法、电渗析法等。

一、蒸馏水的制备

经蒸馏器蒸馏而得的水为蒸馏水。天然水汽化后冷凝就可得到，水中大部无机盐杂质不挥发而被除去。蒸馏器有各种各样的，一般是由玻璃、镀锡铜皮、铝、石英等材料制成。蒸馏水较为洁净，但仍然含有少量杂质。有蒸馏器材料带入的离子，有二氧化碳及某些低沸点易挥发物随水蒸气带入，少量液态水成雾状飞出直接进入蒸馏水中，也有微量的冷凝管材料成分也能带入蒸馏水中，故只能作为一般化学实验之用。一般蒸馏水电阻率达 10^5Ω·cm 以上，电导率为 $6.3×10^{-8}$~$2.8×10^{-6}$S·m^{-1}。

二次蒸馏水又叫重蒸水。用硬质玻璃或石英蒸馏器，在蒸馏水中加入少量高锰酸钾的碱性溶液（破坏水中的有机物）重新蒸馏，弃掉最初馏出的四分之一，收集中段的重蒸馏水。如果仍不符合要求，还可再蒸一次得三次蒸馏水，用于要求较高的实验。实践证明，更多次的重复蒸馏无助于水质的进一步提高。

高纯度的蒸馏水要用石英、银、铂、聚四氟乙烯蒸馏器。同时采用各种特殊措施，如近年来出现的石英亚沸蒸馏器，它的特点是在液面上加热，使液面始终处于亚沸状态，蒸馏速度较慢，可将水蒸气带出的杂质减至最低。又如蒸馏时头和尾都弃去 1/4，只收中间段的办法也是很有效的。还可根据具体要求在二次蒸馏中加入适当试剂以达到目的，如加入甘露醇可抑制硼的挥发；加碱性高锰酸钾可破坏有机物和抑制 CO_2 逸出。煮沸10min 除 CO_2，煮沸 1h 除 O_2。一次蒸馏加 NaOH 和 $KMnO_4$，二次蒸馏加 H_3PO_4 除 NH_3，三次蒸馏用石英蒸馏器除痕量碱金属杂质，在整个蒸馏过程中避免与大气接触可制得 pH≈7 的高纯水。

二、去离子水的制备

用离子交换法制取的纯水叫去离子水。天然水经过离子交换树脂处理除去了绝大部分各种阴、阳离子，但却不能除去大部分有机杂质。去离子水的电阻率可达 $5\times10^6\Omega\cdot$ cm 以上，电导率为 $8.0\times10^{-7}\sim4.0\times10^{-6}$ S $\cdot$ m^{-1}。

离子交换树脂是由苯酚、甲醛、苯乙烯、二乙烯苯等各种原料合成的高分子聚合物。通常呈半透明和不透明球状物，颜色有浅黄、黄、棕色等。离子交换树脂不溶于水、对酸、碱、氧化剂、还原剂、有机溶剂具有一定的稳定性。在离子交换树脂的网状结构的骨架上有许多可以与溶液中离子起交换作用的活性基团。根据活性基团不同，阳离子交换树脂又分为强酸性和弱酸性两种；在阴离子交换树脂中又分为强碱性和弱碱性树脂。市场上售的阳离子树脂一般为强酸性的钠型和强碱性的氯型用来净化水。

钠型树脂用稀盐酸浸泡转变成氢型。

阳离子交换树脂在水中交换顺序为：

$$Fe^{3+}>Al^{3+}>Ca^{2+}>Mg^{2+}>K^+>Na^+>H^+>Li^+$$

氯型树脂用稀 NaOH 溶液浸泡转变成氢氧型。

阴离子交换树脂在水中交换顺序为：$PO_4^{3-}>SO_4^{2-}>NO_3^->Cl^->HCO_3^->HSiO_3^->H_2PO_4^->HCOO^->OH^->F^->CH_3COO^-$。交换出来的 H^+ 和 OH^- 结合成水，水中绝大部分其他阴、阳离子都吸附在树脂上，从而使水得到纯制。交换后的树脂用稀盐酸、稀氢氧化钠处理，又恢复原型的过程叫做树脂再生。再生的树脂可继续使用。

用离子交换树脂净化水在离子交换柱中进行，实验室中柱材料一般用有机玻璃，内装树脂，净化过程示意如图 1-14。图中表示自来水经过阳离子交换柱除去阳离子，再通过阴离子交换柱除去阴离子。

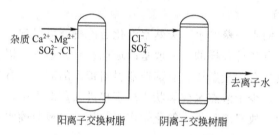

图 1-14　离子交换树脂净化水示意图

三、电渗析法制纯水

把树脂制作成阴、阳离子交换膜，放在外加电场的作用下，利用膜对溶液中离子的选择性使杂质分离的方法。电渗析水的电阻率约为 $10^4\Omega\cdot$ cm。

思 考 题

1. 自来水为什么不能用来做定性和定量分析化学实验？

2. 将自来水制备成实验室用水有哪些方法？有人说，连续下雪天第三天的雪水可用来做化学试验，这种说法是否可行？

第四节　托盘天平及其使用

托盘天平又称台秤，是化学实验室中常用的称量仪器。用于精度不高的称量，一般能精确至 0.1g，也有能精确到 0.01g 的托盘天平。托盘天平形状和规格种类很多，常用的按最大称量分为四种，见表 1-7。

表 1-7　托盘天平的种类

种　类	最大称量/g	能精确至最小量/g	种　类	最大称量/g	能精确至最小量/g
1	1000	1	3	200	0.2
2	500	0.5	4	100	0.1

一、托盘天平的构造

常用的托盘天平构造是类似的。一根横梁架在底座上,横梁的左右各有一个秤盘构成杠杆。横梁的中部有指针与刻度盘相对,根据指针在刻度盘左右摆动情况可以看出托盘天平是否处于平衡状态,如图 1-15 所示。

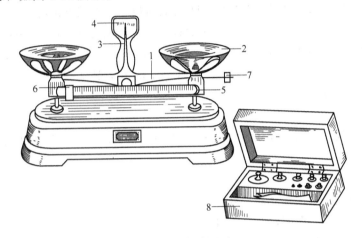

图 1-15　托盘天平

1—横梁;2—秤盘;3—指针;4—刻度盘;5—游码标尺;6—游码;7—调零螺丝;8—砝码盒

二、使用方法

1. 调整零点

将游码拨到游码标尺的"0"位处,检查天平的指针是否停在刻度盘的中间位置。如果不在中间位置,调节托盘下侧的平衡调节螺母,使指针在离刻度盘的中间位置左右摆动大致相等时,则天平处于平衡状态。此时指针停指刻度盘的中间位置就称天平的零点。

2. 称量

左盘放称量物,右盘放砝码。砝码用镊子夹取,先加大砝码,后加小砝码,最后用游码调节,使指针在刻度盘左右两边摇摆的距离几乎相等为止,当台秤处于平衡状态时指针所停指的位置称为停点。停点与零点相符时(停点与零点之间允许偏差 1 小格以内),砝码值和游码在标尺上刻度数值的和即为所称量物的质量。

三、称量注意事项

① 不能称量热的物品。

② 称量物不能直接放在托盘上。根据实际情况,酌情用称量纸、洁净干燥的表面皿或烧杯等容器来承容药品。

③ 称量完毕,将砝码放回砝码盒中,游码退到刻度"0"处。同时将托盘放在一侧或用橡皮圈架起,以免台秤摆动。

④ 保持台秤整洁。

四、电子托盘天平

俗名电子秤的电子托盘天平，在商店、药店等广泛使用。称量快捷、方便、精度 0.1～0.001g 的电子托盘天平完全满足一般化学实验要求。详见第三章。

第五节　试　　纸

试纸是用滤纸浸渍了指示剂或液体试剂制成的。用来定性检验一些溶液的性质或某些物质是否存在，操作简单，使用方便。本节介绍几种实验室常用的试纸。

一、检验溶液酸碱性的试纸

1. pH 试纸

有商品出售，国产 pH 试纸分为广泛 pH 试纸和精密 pH 试纸两种。广泛 pH 试纸按变色范围分为 1～10、1～12、1～14、9～14 四种，最常用的是 1～14 的 pH 试纸。精密 pH 试纸按变色范围分类型更多，如变色范围在 pH 为 2.7～4.7、3.8～5.4、5.4～7.0、6.8～8.4、8.2～10.0、9.5～13.0 等。精密 pH 试纸测定的 pH 变化值小于 1，很易受空气中酸碱性气体干扰，不易保存。

2. 石蕊试纸

分红色和蓝色两种，有商品出售。酸性溶液使蓝色试纸变红，碱性溶液使红色试纸变蓝。

3. 其他酸碱试纸

酚酞试纸，白色。遇碱性介质变红。

苯胺黄试纸，黄色。遇酸性介质变红。

中性红试纸，有黄色和红色两种。黄色试纸遇碱性介质变成红色，遇强酸变蓝；红色试纸遇碱变黄，在强酸中变蓝。

刚果红试纸，红色。遇酸变成蓝色、遇碱又变成红色。

二、特性试纸

1. 淀粉碘化钾试纸

将 3g 可溶性淀粉加 25mL 水搅匀，倾入 225mL 沸水中，再加 1g KI 和 1g Na_2CO_3，用水稀释成 500mL。将滤纸浸入浸渍，取出在阴凉处晾干成白色，剪成条状贮存于棕色瓶中备用。

淀粉碘化钾试纸用来检验 Cl_2、Br_2、NO_2、O_2、$HClO$、H_2O_2 等氧化剂，试纸变蓝。例如 Cl_2 和试纸上的 I^- 作用

$$2I^- + Cl_2 \Longrightarrow I_2 + 2Cl^-$$

I_2 立即与淀粉作用呈蓝紫色。如果氧化剂氧化性强，浓度又大，可进一步反应

$$I_2 + 5Cl_2 + 6H_2O \Longrightarrow 2HIO_3 + 10HCl$$

使 I_2 变成了 IO_3^-，结果使最初出现的蓝色又会褪去。

溴化钾-荧光黄试纸，具有与 KI 试纸的相似功能，与卤素作用显红色。

2. 醋酸铅试纸

将滤纸用 3% 的 $Pb(Ac)_2$ 溶液浸泡后，在无 H_2S 的环境中晾干而成。无色，用来检验痕量 H_2S 是否存在。H_2S 气体与湿的试纸上的 $Pb(Ac)_2$ 反应生成 PbS 沉淀，反应如下：

$$Pb(Ac)_2 + H_2S \Longrightarrow PbS\downarrow + 2HAc$$

沉淀呈黑褐色并有金属光泽。有时颜色较浅但有金属光泽为特征。若溶液中 S^{2-} 的浓度较小，加酸酸化逸出 H_2S 太微，用此试纸就不易检出。

3. 硝酸银试纸

将滤纸放入 2.5% 的 $AgNO_3$ 溶液中浸泡后，取出晾干即成，保存在棕色瓶中备用。试纸为黄色，遇 AsH_3 有黑斑形成。

$$AsH_3 + 6AgNO_3 + 3H_2O \Longrightarrow 6Ag + 6HNO_3 + H_3AsO_3$$
$$\text{(黑斑)}$$

4. 电极试纸

1g 酚酞溶于 100mL 乙醇中，5g NaCl 溶于 100mL 水中，将两溶液等体积混合。取滤纸浸入混合溶液中浸泡后，取出干燥即成。将这种试纸用水润湿，接到电池的两个电极上，电解一段时间，与电池负极相接的地方呈现酚酞与 NaOH 作用的红色。

$$2NaCl + 2H_2O \Longrightarrow 2NaOH + H_2\uparrow + Cl_2\uparrow$$

三、试纸的使用

1. 石蕊试纸和酚酞试纸的使用

用镊子取一小块试纸放在干净的表面皿边缘上或滴板上。用玻璃棒将待测溶液搅拌均匀。然后用棒端蘸少量溶液点在试纸块中部，观察试纸颜色的变化，确定溶液的酸碱性。切勿将试纸投入溶液中，以免弄脏溶液。

2. pH 试纸的使用

用法同石蕊试纸。待试纸变色后与色阶板的标准色阶比较，确定溶液的 pH。

3. 淀粉碘化钾试纸的使用

将一小块试纸用蒸馏水润湿后，放在盛待测溶液的试管口上，如有待测气体逸出，试纸则变色。必须注意不要使试纸直接接触待测物。

醋酸铅和硝酸银试纸用法与淀粉碘化钾试纸基本相同，区别是湿润后的试纸盖在放有反应溶液试管的口上。

使用试纸时，每次用一小块即可。取用时不要直接用手，以免手上不慎沾污的化学品污染试纸。从容器取出所需试纸后要立即盖严容器，使余留下的试纸不受空气中气体的污染。用过的试纸投入废物缸中。

思　考　题

1. 胃酸的 pH 为 0.9～2；测定胃酸 pH 应选用什么试纸？
2. 一种酸性气体，如何用石蕊试纸来验证？
3. Cl_2 用什么试纸来检验？

第六节　实验室的安全和环保常识

化学实验是在一个十分复杂的环境中进行的科学实验。为了本人和周围人们的安全和健康；为了国家财产免受损失；为了实验和训练顺利进行，每个实验者都必须高度重视安全工作，严格遵守实验室安全守则。每个实验者都必须熟悉实验室中水、电、煤气的正确使用，及各种仪器设备的性能、化学药品的性质，防止意外事故的发生。还必须了解一些救护措施，一旦发生事故能及时进行处理。懂得一些环境保护措施，对废气、废液和废料进行适当处理，以保持实验室环境不受污染。

一、化学实验室安全守则

① 严禁在实验室饮食、吸烟或存放饮食用具。实验完毕，必须洗净双手。

② 绝对不允许随意混合各种化学药品，以免发生意外事故。

③ 熟悉实验室中水、电、煤气的开关、消防器材、安全用具、急救药箱的位置。万一遇到意外事故时可即时关闭阀门，采取相应措施。

④ 不能用湿的手、物接触电源。水、电、煤气、高压气瓶一经使用完毕应立即关闭。点燃的火柴杆用后立即熄灭。纸屑等废弃物品不许随便扔，必须放到指定的地方。

⑤ 煤气、高压气瓶、电器设备、精密仪器等使用前必须熟悉使用说明和要求，严格按要求使用。

⑥ 对强腐蚀性、易燃易爆、有刺激性、有毒物质的使用要严格遵守使用要求，防止出现意外。

⑦ 加热试管，管口不要指向自己和他人。倾注试剂，开启浓氨水等试剂瓶和加热液体时，不要俯视容器口，以防液体溅出或气体冲出伤人。

⑧ 实验室内严禁嬉闹喧哗。

⑨ 化学试剂使用完毕放回原处，剩余有毒物质必须交给老师。实验室中药品或器材不得带出室外。

安全警示：安全守则的每项条款都是一项安全警示，切不可轻视，必须严格遵照执行，确保实验室安全无事故。

二、安全用电常识

实验室中加热、通风、使用电源仪器设备、自动控制等都要用电。用电不当极易引起火灾和造成对人体的伤害。电对人体的伤害可以是电外伤（电灼伤、电烙印和皮肤金属化）和电内伤（即电击）。另外电弧射线也会对眼睛造成伤害。触电与电压、电流都有关系，一般交流电比直流电危险，工频交流（$50\sim60Hz$）最危险。通常把 10mA 以下的工频交流电，或 50mA 以下的直流电看作是安全电流。所谓安全是相对的而不是绝对的，在电压一定时，电阻愈小电流就愈大。人体电阻包括表皮电阻和体内电阻。体内电阻基本不受外界因素影响，大约为 500Ω。表皮电阻则随外界条件不同而变化很大，皮肤干燥时可达万欧姆，皮肤湿时可降为几百欧姆。电压也是触电的因素，根据环境不同采用相应的"安全电压"，至今其数值在国际上尚未统一，如国标 GB 3805—83 安全电压标准中规定有 6V、12V、24V、36V、42V 五个等级。在实验室中为了降低通过人体的电流，规定了容易与人接触的交流电压 36V 以下为安全电压，在金属容器内或者潮湿处，不能超过 12V，直流电压可为 50V。

一般工频电流对人体的影响见表 1-8。

引起人体感觉的最小电流称感知电流：一般成年男性的平均感知电流约为 1.1mA；成年女性平均感知电流约为 0.7mA。感知阈值是感知电流的最小值，定为 0.5mA。

人触电后能自行摆脱带电体的最大电流叫摆脱电流：成年男性平均为 16mA；成年女性平均为 10.5mA。成年男性摆脱阈值定为 9mA；成年女性平均摆脱阈值定为 6mA。

在较短时间内会危及生命的最小电流称致命电流。电流通过心脏时，破坏了其原有的节律，可能引起达 $400\sim600$ 次·min^{-1} 以上的纤维性颤动，极易引起心力衰竭、血液循环终止、大脑缺氧而导致死亡，故可以认为引起心室颤动的电流就是致命电流。一般成年人的心室颤动阈值为 50mA·s^{-1}。

表 1-8 电流大小和通电时间对人体生理反应的影响

电流范围/mA	通电时间	人体生理反应
0~0.5	连续通电	没有感觉
0.5~5	连续通电	开始有感觉,手指、腕处有发麻和痛感。可以摆脱带电体
5~30	数分钟内	痉挛,呼吸困难,血压升高。不能摆脱带电体
30~50	数秒到数分钟	血压升高、昏迷、心脏跳动不规则、强烈痉挛
50~数百	低于心脏搏动周期	受强烈冲击,但未发生心室颤动
	超过心脏搏动周期	昏迷、心脏颤动,接触部位有电流通过痕迹
超过数百	低于心脏搏动周期	昏迷、心室搏动,接触部位有电流通过痕迹
	超过心脏搏动周期	昏迷、心脏停止跳动。造成可能的致命电灼伤

当人体接触电流后,随着电压升高,人体电阻会有所降低。实验证实,电压高低对人体的影响及允许接近的最小安全距离见表 1-9。

表 1-9 电压对人体的影响及允许接近的最小安全距离

接触时的情况		允许接近的距离	
电压/V	对人体的影响	电压/V	设备不停电时的安全距离/m
10	全身在水中时跨步电压界限为 10V·m^{-1}	10	0.7
20	为湿手的安全界限	20~35	1.0
30	为干燥手的安全界限	44	1.2
50	对人的生命没有危险的安全界限	60~110	1.5
100~200	危险性急剧增大	154	2.0
200 以上	危及人的生命	220	3.0
3000	被带电体吸引	330	4.0
10000 以上	有被弹开击倒的可能	500	5.0

为了保证安全用电,必须注意下列事项。

① 在使用电器设备前,应先阅读产品使用说明书,熟悉设备电源接口标记和电流、电压等指标,核对是否与电源规格相符合,只有在完全吻合下才可正常安装使用。

② 要求接地或接零的电器,应做到可靠的保护接地或保护接零,并定期检查是否正常良好。一切电器线路均应有良好的绝缘。

③ 有些电器设备或仪器,要求加装"保险丝"或各种各样的熔断器,它们大都由铅、锡、锌等材料制成,必须按要求选用。

安全警示:严禁用铁、铜、铝等金属丝代替。

④ 初次使用或长期一直使用的电器设备,必须检查线路、开关、地线是否安全妥当。并且先用试电笔试验是否漏电,只有在不漏电时才能正常使用。为防止人体触电,电器应安装"漏电保护器"。不使用电器时,要及时拔掉插头使之与电源脱离。不用电时要拉闸,修理检查电器要切断电源,严禁带电操作。电器发生故障在原因不明之前,切忌随便打开仪器外壳,以免发生危险和损坏电器。

⑤ 不得将湿物放在电器上,更不能将水洒在电器设备或线路上。严禁用铁柄毛刷或湿抹布清刷电器设备和开关。电器设备附近严禁放置食物和其他食品,以免导电燃烧。

⑥ 电压波动大的地区，电器设备等仪器应加装稳压器，以保证仪器安全和实验在稳定状态下进行。

⑦ 使用直流电源的设备，千万不要把电源正负极接反。

⑧ 设备仪器以及电线的线头都不能裸露，以免造成短路，在不可避免裸露的地方用绝缘胶带包好。

安全警示：现场空间会有易燃易爆气体或粉尘，必须杜绝一切可能产生电火花的因素，如电路，开关接触不良或短路，甚至不能穿钉子鞋。

三、易燃、强腐蚀性和有毒化学品的使用

熟悉化学品的性质是正确使用和处理药品的前提。

1. 易燃易爆化学品的使用

燃烧和爆炸在本质上都是可燃性物质在空气中的氧化反应。易燃易爆化学品注意的核心就是防止燃烧和爆炸。

爆炸的危险性主要是针对易燃的气体和蒸气而言。可燃气体或蒸气在空气中刚足以使火焰蔓延的最低浓度称该气体爆炸下限（或着火下限）；同样刚足以使火焰蔓延的最高浓度称为爆炸上限（或着火上限）。可燃物质浓度在下限以下及上限以上与空气的混合物都不会着火或爆炸。化学物质易爆的危险程度可用爆炸危险度表示：

$$爆炸危险度=\frac{爆炸上限浓度-爆炸下限浓度}{爆炸下限浓度}$$

典型气体的爆炸危险度见表1-10。

表1-10 典型气体的爆炸危险度

名 称	爆炸危险度	名 称	爆炸危险度
氨	0.87	汽油	5.00
甲烷	1.83	乙烯	9.6
乙醇	3.30	氢	17.78
甲苯	4.8	苯	5.7
一氧化碳	4.92	二硫化碳	59.00

燃烧的危险性是针对易燃液体和固体来说的。闪点是液体易燃性分级的标准，见表1-11。固体的燃烧危险度一般以燃点高低来区分。一级易燃固体如红磷、五硫化磷、硝化纤维、二硝基化合物等；二级易燃固体如硫黄、镁粉、铝粉、萘、樟脑等。有些液体、固体在低温下能自燃，危险性更大。可燃性物质在没有明火作用的情况下发生燃烧叫自燃，发生自燃的最低温度叫自燃温度，如黄（白）磷34~35℃、三硫化四磷100℃、二硫化碳102℃、乙醚170℃等。

表1-11 易燃和可燃性液体易燃性分级

类 别	级 别	闪点/℃	举 例
易燃液体	一级	<28	汽油、苯、酒精
	二级	28~45	煤油、松香油
可燃液体	三级	45~120	柴油、硝基苯
	四级	>120	润滑油、甘油

使用易燃易爆化学品要十分注意下列事项。

① 实验室内不要存放大量易燃易爆物质。少量的也要密闭存放在阴凉背光和通风处，并远离火源、电源及暖气等。

② 实验室中可燃气体浓度较大时，严禁明火和出现电火花。实验必须在远离火源的地方或通风橱中进行。对易燃液体加热不能直接用明火，必须用水浴、油浴或可调节电压的加热包。

③ 蒸馏回流可燃液体，须防止局部过热产生暴沸，为此可加入少许沸石、毛细管等，但必须在加热前而不能在加热途中，以免暴沸冲出着火。加热可燃液体量不得超过容器容积的½～⅔。冷凝管中的水流须预先通入并保持畅通。使用干燥管必须畅通，仪器各连接处必须保证密闭不泄漏，以免蒸气逸出着火。

④ 比空气重的气体和蒸气如乙醚等常聚积在工作台面流动，危险性更大，用量较大时在通风橱中进行。用过和用剩的易燃品不得倒入下水道，必须设法回收。含有有机溶剂的废液、废渣，燃着的火柴头都不能丢入废物篓中，应将它们埋入地下或经过燃烧除去。

⑤ 金属钠、钾、钙等易遇水起火爆炸，故须保存在煤油或液体石蜡中。黄磷保存在玻璃瓶盛的水中。银氨溶液久置后会产和爆炸物质，故不能长期存放。

⑥ 强氧化剂和过氧化物与有机物接触，极易引起爆炸起火，所以严禁将它们随意混合或放置在一起。混合危险一般发生在强氧化剂和还原剂间。例如黑色炸药是由硝酸钾、硫黄、木炭粉组成，高氯酸炸药含有高氯酸铵、硅铁粉、木炭粉、重油，礼花是硝酸钾、硫黄、硫化砷的混合物。浓硫酸与氯酸盐、高氯酸盐、高锰酸盐等混合产生游离酸或无水的 Cl_2O_5、Cl_2O_7、Mn_2O_7，一接触有机物（包括纸、布、木材）都会着火或爆炸。液氯和液氨接触生成很易爆炸的 NCl_3，从而产生大爆炸。硝酸与松节油、过氯酸与乙醚、高锰酸钾与甘油、硝化纤维与间苯二甲胺、乙醇与过氧化钠、锌粉与溴等混合物均会迅速燃烧，甚至爆炸。

2. 强腐蚀药品的使用

高浓度的硫酸、盐酸、硝酸、强碱、溴、苯酚、三氯化磷、硫化钠、无水氯化铝、氟化氢、氨水、浓有机酸等都有极强的腐蚀性，溅到人体皮肤上会造成严重伤害，对一些金属材料产生破坏作用。使用时应注意以下几点。

① 使用强腐蚀性药品须戴防护眼镜和防护手套。用吸管取液时不能用口吸。

② 强腐蚀性药品溅到桌面或地上，可用砂土吸收，然后用大量水冲洗。切不可用纸片、木屑、干草、抹布去清除。

③ 熟悉性质，严格按要求操作和使用。如氢氟酸不能用玻璃容器。苛性碱溶于水大量放热，所以配制碱溶液须在烧杯中，决不能在小口瓶或量筒中进行，以防止容器受热破裂造成事故。开启浓氨水瓶前，必须冷却，瓶口朝无人处。对橡皮有腐蚀作用的溶剂不用橡皮塞。稀释硫酸时必须慢且充分搅拌，应将浓硫酸注入水中等。

3. 有毒化学品的使用

化学品毒性分级，习惯上以 LD_{50} 或 LC_{50} 作为衡量各种毒物急性毒性大小的指标。见表1-12。

1985 年我国颁布了 GB 5044—85 职业性接触毒物危害程度的国家标准，考虑了毒物的各种因素，见表1-13。

表1-12　急性毒性分级

毒 性 分 级	小鼠一次经口 LD$_{50}$/mg·kg^{-1}	小鼠吸入染毒 2h LD$_{50}$×10^{-6}	兔经皮肤染毒 LD$_{50}$/mg·kg^{-1}
剧毒	<10	<50	<10
高毒	11~100	51~500	11~50
中等毒	101~1000	501~5000	51~500
低毒	1001~10000	5001~50000	501~5000
微毒	>10000	>50000	>5000

表1-13　职业性接触毒物危害程度分级

指　标	分　　级			
	Ⅰ 极度危害	Ⅱ 高度危害	Ⅲ 中度危害	Ⅳ 轻度危害
急性中毒				
吸入 LD$_{50}$/mg·kg^{-1}	<200	200~<2000	2000~<20000	>20000
经皮 LD$_{50}$/mg·kg^{-1}	<100	100~<500	500~<2500	>2500
经口 LD$_{50}$/mg·kg^{-1}	<25	25~<500	≥500	
急性中毒状况	易发生中毒,后果严重	可发生中毒,愈后良好	偶发中毒	未见中毒,但有影响
慢性中毒状况	患病率高,>5%	患病率较高,<5%和症状发生率>20%	偶发中毒或症状发生率>10%	未见慢性中毒,但有影响
中毒后果	脱离接触后继续进展或不能治愈	脱离接触后可基本治愈	脱离接触后可恢复,无严重后果	脱离接触后能自行恢复,无不良后果
致癌性	人体致癌物	可使人体致癌	实验动物致癌	无致癌性
MAC[①]/mg·m^{-3}	<0.1	0.1~<1.0	1.0~<10.0	>10.0

① MAC——最高容许浓度。

按表1-13的项目从国际 GB 5044—85 中摘出实验室中较易遇到的 25 种毒物的定级资料列入表1-14。

有毒化学品的使用要特别注意以下几点。

① 剧毒药品应指定专人收发保管。

② 取用剧毒药品必须完善个人防护。穿防护服、戴防护眼镜、防护手套、防毒面具或防毒口罩、长胶鞋等。严防毒物从口、呼吸道、皮肤,特别是伤口侵入人体。

③ 制取、使用有毒气体必须在通风橱中进行。多余的有毒气体应先化学吸收后再排空。

④ 有毒的废液残渣不得乱丢乱放,必须进行妥善处理。

⑤ 设备装置尽可能密闭,防止实验中冲、溢、跑、冒事故。尽量避免危险操作。应尽量用最小剂量完成实验。毒物量较大时,应按照工业生产要求采取各种安全防护措施。

四、实验室废弃物处理

1. 废气的处理

实验室废气的特点,一是量少,二是多变。废气处理应满足两点要求:一是保持在实验环境的有害气体不超过规定的空气中有害物质的最高容许浓度;二是排出气不超过居民大气中有害物最高容许浓度。为此,必须有通风、排毒装置。

表 1-14　常见毒物毒性分级

毒 物 名 称	急性中毒指标		最高容许浓度 /mg·m⁻³	慢性危害指标			定级	特殊依据
	毒性	中毒状况		发病状况	中毒后果	致癌性		
汞及其无机化合物	2	2	1	1	1	4	I	
苯	2	3	4	1	1	1	I	
砷及其无机化合物	1	2	2	1	2	1	I	
氯乙烯(单体)	4	3	4	1	1	1	I	
铬酸盐及重铬酸盐	3	3	1	2	2	1	I	致癌
铍及其化合物	2	2	1	2	1	2	I	
羰基镍	1	1	1	2	1	1	I	致癌
氰化物	1	2	2	4	4	4	I	急性
氯甲醚	2	4	1	3	1	1	I	致癌
铅及其无机化合物	2	2	1	2	1	4	II	
光气	1	2	2	4	2	4	II	
二硫化碳	3	3	3	2	2	4	II	
氯气	2	2	3	2	2	4	II	
丙烯腈	2	2	3	2	2	2	II	
四氯化碳	3	4	4	2	2	2	II	
硫化氢	2	2	3	3	3	4	II	
一氧化碳	3	2	4	3	3	4	II	急性
镉及其化合物	2	2	2	2	2	2	II	
硫酸二甲酯	1	1	2	4	2	2	II	
金属镍	2	4	2	3	2	1	II	致癌
环氧氯丙烷	2	4	2	4	3	2	II	
甲醇	3	3	4	3	3	4	III	
甲苯	3	3	4	3	3	4	III	
丙酮	4	4	4	4	4	4	IV	
氨	4	4	4	3	4	4	IV	

实验室排出的少量有害气体,可容许直接放空,根据安全要求放空管不应低于附近房顶3m,放空后被空气稀释。废气量较多或毒性大的废气一般应通过化学处理后再放空。例如 CO_2、NO_2、SO_2、Cl_2、H_2S、HF 等废气应先用碱溶液吸收;NH_3 用酸吸收;CO 可先点燃转变成 CO_2 等。对个别毒性很大或者数量多的废气,可参考工业废气处理方法,用吸附、吸收、氧化、分解等方法进行处理。

2. 废液和废渣的处理

对污染环境的废液废渣不应直接倒入垃圾堆,必须先经过处理使其成为无害物,最好是埋入地下。例如,氰化物可用 $Na_2S_2O_3$ 溶液处理,使其生成毒性较低的硫氰酸盐,也可用 $FeSO_4$、$KMnO_4$、$NaClO$ 代替 $Na_2S_2O_3$;含硫、磷的有机剧毒农药可用 CaO 继而用碱液处理使其迅速分解,失去毒性;酸碱废物先中和为中性废物再排放;硫酸二甲酯先用氨水,继而用漂白粉处理;苯胺可用盐酸或硫酸处理;汞可用硫黄处理生成无毒的 HgS;废铬酸洗液可用 $KMnO_4$ 再生;少量废铬液加入碱或石灰使其生成 $Cr(OH)_3$ 沉淀,将其埋入地下。

含汞盐或其他重金属离子的废液加 Na_2S 使其生成难溶的氢氧化物、硫化物、氧化物等，将其埋入地下。

五、实验室中一般伤害的救护

（1）玻璃割伤　先排出伤口里的玻璃碎片，贴上创可贴，必要时撒些消炎粉并包扎。

（2）烫伤　切勿用水冲洗，在伤处用 $KMnO_4$ 溶液揩洗或抹上黄色的苦味酸溶液、烫伤膏或万花油。

（3）酸蚀　立即用大量水冲洗约 15min，然后用饱和碳酸氢钠溶液冲洗，再用水冲净。若酸溅入眼内，先用大量水冲洗，再送医院治疗。

（4）碱蚀　立即用大量水冲洗约 15min，再用约 2％的醋酸溶液或饱和硼酸溶液冲洗，最后用水冲洗。若碱溅入眼内，则先用硼酸溶液洗，再用水洗。

（5）溴蚀　先用甘油或苯洗，再用水洗。

（6）苯酚蚀　用 4 份 20％的酒精和 1 份 0.4mol·L^{-1} 的 $FeCl_3$ 溶液的混合液洗，再用水洗。

（7）白磷灼伤　用 1％的 $AgNO_3$ 溶液、1％的 $CuSO_4$ 溶液或浓 $KMnO_4$ 溶液洗后包扎。

（8）吸入刺激性或有毒气体　吸入 Cl_2、HCl 时可吸入少量酒精和乙醚的混合蒸气解毒；吸入 H_2S 而感到不适，立即到室外呼吸新鲜空气。

（9）毒物误入口内　将浓度近似 5％的 $CuSO_4$ 溶液 5～10mL 加入一杯温水中，内服后，用手指伸入咽喉部，促使呕吐，然后立即送医院治疗。

（10）触电　首先切断电源，必要时进行人工呼吸。

（11）起火　既要灭火、又要迅速切断电源，移走旁边的易燃品阻止火势蔓延。一般小火，用湿布、石棉布或砂子覆盖，即可灭火。火势较大要用各种灭火器来灭火，灭火器要根据现场情况及起火原因正确选用，如有电器设备在现场只能用二氧化碳灭火器或四氯化碳灭火器，而不能用泡沫灭火器，以免触电。衣服着火切勿惊乱，赶快脱下衣服或用石棉布覆盖着火处。

对中毒、火灾受伤人员，伤势较重者，应立即送往医院。火情很大，应立即报告火警。

六、灭火常识

目前国际上根据燃烧物质的性质，统一将火灾分为 A、B、C、D 四类：A 类，木材、纸张、棉布等物质着火；B 类，可燃性液体着火；C 类，可燃性气体着火；D 类，可燃性金属 K、Na、Ca、Mg、Al、Ti 等固体与水反应生成可燃气体着火。

灭火的一切手段基本上是围绕破坏形成燃烧三个条件中的任何一个来进行。

（1）隔离法　将火源处或周围的可燃物质撤离或隔开，这是釜底抽薪的办法。所以一旦起火要将火源附近的可燃、易燃、助燃物搬走；关闭可燃气、液体管道的阀门，切断电源。

（2）冷却法　将水或二氧化碳灭火剂直接喷射到燃烧物或附近可燃物质上，使温度降到燃烧物质燃点以下，燃烧也就停止了。A 类物质着火用隔离法和用水扑灭，既有效，又方便。

（3）窒息法　阻止助燃物质，如 O_2 流入燃烧区或者冲淡空气，使燃烧物质没有足够的氧气而熄灭。如用石棉毯、湿麻袋、湿棉被、泡沫、黄沙等覆盖在燃烧物上，有时用水蒸气、CO_2 或惰性气体等覆盖燃区，阻止新鲜空气进入。窒息法对付一般小火灾和 D 类火灾比较有效。

（4）化学中断法　使灭火剂参与燃烧反应，在高温下分解产生自由基与反应中的·H、·OH活性基团结合生成稳定分子或活性低的自由基，从而使燃烧的连锁反应中断。例如1211 灭火器中的灭火剂为二氟一氯一溴甲烷 CF_2ClBr，1211 就是用元素原子个数构成的代号，

$$CF_2ClBr \xrightarrow{\triangle} CF_2Cl + \cdot Br$$

$$\cdot Br + \cdot H \longrightarrow HBr$$

$$HBr + \cdot OH \longrightarrow H_2O + \cdot Br$$

这类卤代烃类灭火剂，卤素原子量愈大抑制效果愈好，对付 B、C 类火灾这类灭火器很有效。

用水灭火人们习以为常，既廉价又方便。但是 D 类火灾，比水轻的 B 类火灾，酸、碱类火灾现场，未切断电源的电器火灾，精密仪器贵重文献档案等失火都不能用水扑救。近年来出现一种所谓"轻水"灭火剂，它实际上是水中加一种表面活性剂氟化物。实际密度比水重，由于表面张力低，所以在灭火时能迅速覆盖在液面，故名"轻水"。它有特殊灭火功能，如速度快、效率高、不怕冷、不怕热、保存时间长等。

灭火器是实验室的常备设备，它们有多种类型，在火势的初起阶段用灭火器是特别有效的。火势到了猛烈阶段，必须由专业消防队来扑救。为了正确使用各种灭火器，现将几种常见的灭火器列于表 1-15。

表 1-15　常见灭火器的使用

灭火器种类	内装药剂	用　途	性　能	用　法
泡沫灭火器	$NaHCO_3$、 $Al_2(SO_4)_3$	扑灭油类火灾，电器火灾不适用	10kg 灭火器射程 8m，喷射时间 60s	倒过来摇动或打开开关。1.5 年更换一次药剂。用后 15min 内打开盖子
酸碱灭火器	H_2SO_4，$NaHCO_3$	非油类和电器火灾之外的其他一般火灾	10kg 射程 10m，喷射时间 50s	倒过来，1.5 年换一次药剂
二氧化碳灭火器	压缩液体二氧化碳	扑灭贵重仪器、电器火灾，不能用于扑灭 D 类火灾	喷射距离 1.5～3m，接近着火点。液态 CO_2 的沸点约为 -70℃，注意冻伤	拿好喇叭筒，打开开关。三月检查一次 CO_2 量
四氯化碳灭火器	液体 CCl_4	扑灭电器火灾，不能扑灭 D 类、乙炔、乙烯、CS_2 等火灾	3kg 射程 3m，喷射时间 3s。有毒	打开开关
干粉灭火器	$NaHCO_3$ 粉、少量润滑剂、防潮剂，高压 CO_2 或 N_2	扑灭 B 类、电器火灾，C 类、D 类火灾。不能防止复燃	射程 5m，喷射时间 20s 左右	拉动钢瓶开关。贮备时不要受潮
1211 灭火器	液体 CF_2ClBr	除 D 类火灾外的火灾	可燃气体中混进 6%～9.3% 的 1211 便不能燃烧。喷射射程 3～5m，时间 10～14s	握紧压把开关。一年检查一次 1211 量

思　考　题

1. 怎样取用浓硫酸来配制稀硫酸才能保证安全？
2. 制备 Cl_2 应当如何进行？

3. 使用剧毒的氰化钠时应注意些什么？

4. 不慎将酒精灯中的酒精洒出着火，应怎样扑灭？

5. 做 Na 和水反应实验时，从煤油中取出的钠块溅水起火爆炸，怎么处理？

6. 有学生将铬酸洗液碰倒洒出，如何妥善处理？

第七节　实验室规则

实验规则是人们从长期实验工作中归纳总结出来的。它是防止意外事故，保证正常的实验环境和工作秩序，是做好实验的重要环节。每个实验者都必须遵守。

① 实验前要认真预习，明确实验目的，了解原理、方法和步骤。

② 进入实验室首先检查所需的药品、仪器是否齐全。要做规定外的实验，要预先准备并事先报告教师得到同意。

③ 在实验室中遵守纪律，不大声谈笑，不到处乱走。保持实验室安静有序，不许嬉闹做恶作剧。不得无故缺席，因故缺席未做的实验应该补做。

④ 实验中要遵守操作规程，执行一切安全措施。

⑤ 实验中要集中精力、认真操作、仔细观察、积极思考、如实详细地做好记录。

⑥ 爱护国家财产，小心使用仪器和设备，注意节约药品、水、电、煤气。不得动用他人的实验仪器、公用仪器和非常用仪器，用后立即洗净送回原处。发现仪器损坏要追查原因，填写仪器损坏单登记补领。

⑦ 按规定量取所用药品，称取药品后及时盖好原瓶盖。放在指定地方的药品不得擅自拿走。

⑧ 对于精密贵重仪器要特别爱护，细心操作。避免粗枝大叶而损坏仪器。如发现仪器有故障，应立即停止使用，报告教师以及时排除故障。

⑨ 随时注意工作环境的整洁。废纸、火柴梗、碎玻璃等倒入垃圾箱内；废液倒入废液缸中，必要时经过处理后再倒到指定地方，切不可随便倒入水槽。

⑩ 实验结束应洗净仪器放回原处，清整实验台面达到仪器药品摆放整齐，桌面清洁。然后检查水、煤气、门窗是否关闭和断开电源。每次实验后由同学轮流值日，负责打扫和整理实验室。

⑪ 在实验室中严禁饮食、喝水和抽烟。若出现意外事故应保持镇静，及时报告老师并听从指挥，积极进行处理。

第八节　实验记录和数据处理

一、原始记录

原始记录是化学实验工作原始情况的记载。为确保记录真实可靠，实验者应有专门的实验原始记录本按顺序编号，不能随便撕去。实验过程中的各种测量数据及有关现象应及时准确而详实地记录下来，切忌夹杂主观因素，更不能随意抄袭、拼凑和伪造数据。原始记录的基本要求如下。

① 用钢笔或圆珠笔填写，对文字记录应清晰工整，对数据记录，尽量采用一定的表格形式。

② 实验过程中涉及的各种特殊仪器的型号和标准溶液浓度等应及时记录下来。

③ 记录实验过程中的测量数据，应注意有效数字的位数，即只保留最后一位可疑数字。

如常用的几个重要物理量的测量误差一般为：质量，±0.0001g（万分之一天平）；溶剂，±0.01mL（滴定管、容量瓶、吸量管）；pH，±0.01；电位，±0.0001V；吸光度，±0.001单位等。由于测量仪器不同，测量误差可能不同。因此应根据具体试验情况及测量仪器的精度正确记录测量数据。

表示精密度时，通常只取一位有效数字。只有测定次数很多时，方可取两位且最多取两位有效数字。

④ 原始数据不准随意涂改，不能缺项。在实验过程中，如发现数据算错、记错或测错需要改动时，可将该数据用一横线划去，并在其上方写上正确数字。

二、有效数字及其运算规则

（一）有效数字

实验中实际能够测量到的数字就是有效数字。它既能表示出测量值的大小，又要能表示出测量的准确度。可见有效数字与测量仪器的精度相关。例如：台秤的称量精度是 0.1g，若在台秤上称量某物读数是 8.8g，则该物的质量为 （8.8±0.1）g，即第一位 8g 是准确的，而第二位 0.8 是不确定的，可能是 0.7g，也可能是 0.9g。再如，用万分之一分析天平称量某物读数是 0.6180g，则该物质的实际质量 在 （0.6180±0.0001）g 之间，最后一位 "0" 是不确定的，所以该分析天平称量的绝对误差在 ±0.0001g 间，相对误差则为：

$$\frac{\pm 0.0001}{0.6180} \times 100\% = \pm 0.01618\% = \pm 0.02\%$$

所以，测量数据的有效数字是由全部确定数字和最后一位不确定数字构成的。

（二）有效数字位数的确定

（1）一个数据首位有效数字≥8 时，则有效数字的位数可多算一位。例如：

8.6 是三位，99.5% 是四位有效数字。

（2）"0" 在有效数字中的作用　数字中间的 "0"、数字尾上的 "0" 都是有效数字。例如 3.205、6.80 中的 "0" 都是有效的，分别是四位和三位有效数字。

数字前面的 "0" 不是有效数字，只起定位的作用，如 0.560、0.00560 中 5 前的 "0" 不是有效数字，两个数都是三位有效数字。

以 "0" 结尾的正整数，有效数字位数不确定。

例如：4500 可能是二、三、四位的有效数字。这种情况应根据实际测量情况用科学记数法写成 10 的整数次幂表示：

4.5×10³　　　　　二位有效数字

4.50×10³　　　　三位有效数字

4.500×10³　　　　四位有效数字

（3）对于非测量的自然数和常数，如 4、$\frac{1}{2}$、$\sqrt{3}$、π、e 等可视为无穷多位有效数字。

（三）有效数字的修约

对测量、计算的数值经过修约（弃掉多余的或不正确的数字）才是最后结果。有效数字的修约按 GB 8170—1987《数值修约规则》要求进行。现将需要保留的有效数字位数之后的第一个数称为尾数。

（1）四舍　尾数≤4　舍去。

（2）六入　尾数≥6　向前位进 1 。

例如，把下列数据修约为 3 位有效数字：

12.1498 修约为 12.1；1268 修约为 127×10。

1.163 修约为 1.16；3.635 修约为 3.64。

（3）尾数＝5时　5 前一位数是奇数，则进 1 。例如，将 7.35、0.8150 修约为 2 位有效数字为 7.4、0.82。

5 前一位数是偶数（含 0），则舍弃。例如，将 1.050、0.0325 修约为 2 位有效数字为 1.0 和 0.032。

5 前一位是偶数，但 5 后存有非 0 数字，则也进 1。例如，将 28.2501 修约为 3 位有效数字为 28.3。

（4）负数修约时，先将负数的绝对值按上述规则修约后，再在数前加上 "—" 号。例如，将 −0.0365 修约为 2 位有效数字：

$-0.0365 \rightarrow 0.0365 \rightarrow 0.036 \rightarrow 0.036$。

（5）不得连续修约。例如，欲将 15.4546 修约为 2 位有效数字。

连续修约 $15.4645 \rightarrow 15.465 \rightarrow 15.46 \rightarrow 15.5 \rightarrow 16$ 是不正确的。正确做法是 $15.4645 \rightarrow 15$。

（四）有效数字运算规则

对测量数值进行运算时，每个测量值的准确程度不一定完全相等，这就要求必须按有效数字的运算规则进行计算。

1. 加减法

几个数据相加或相减时，它们的和或差的有效数字位数的保留，应以小数点后位数最少（绝对误差最大）的数据为准。一般不得在加减之前，先把小数点后多余位数进行舍入修约，然后再加减；也不得在加减之前，把小数点后位数较多的数进行舍入修约，使其比小数点后位数最少的数多一位小数，然后再加减，最后对计算结果小数点后多余位数进行舍入修约，使其与原有效数字中小数点后位数最少者相同。

例 1　求 $0.0121 + 25.64 + 1.0435 = ?$

解　$0.0121 + 25.64 + 1.0435 = 26.6956 \xrightarrow{\text{按运算规则修约为}} 26.70$

若对 "例 1" 在相加前，先把小数点后多余位数进行舍入修约，然后再相加。

$0.01 + 25.64 + 1.04 = 26.69$（此数值是错的）

例 2　$5.007 - 1.0025 - 1.05 = ?$

解　$5.007 - 1.0025 - 1.05 = 2.9545 \xrightarrow{\text{按运算规则修约为}} 2.95$

若对 "例 2" 在相减之前，先把小数点后位数较多的数进行舍入修约，使其比小数点后位数最少的数多一位小数，然后再相减，最后对计算结果小数点后多余位数进行舍入修约，使其与原有效数字中小数点后位数最少者相同。

$5.007 - 1.002 - 1.05 = 2.955 \xrightarrow{\text{舍入修约为}} 2.96$（此数值是错的）

例 3　$18.12 + 13.8551 - 9.123 = 22.8521 \xrightarrow{\text{按运算规则修约为}} 22.85$

2. 乘除法

几个数据相乘或相除时，它们积或商的有效数字位数应以有效数字位数最少（相对误差最大）的数据为准，即所得积或商的有效数字位数应与原有效数字位数最少者的位数相同。一般不得在相乘除之前，先把多余位数进行舍入修约，然后再相乘除。

例 4 $\dfrac{15.32\times0.1232}{5.32}=0.354778947 \xrightarrow{\text{按运算规则修约为}} 0.355$

若对"例 4"在乘除之前，先把小数点后多余位数进行舍入修约，然后再乘除。

$\dfrac{15.3\times0.123}{5.32}=0.353740601=0.354$（此数值是错的）

3. 乘方和开方

对测量数值进行乘方或开方运算时，原数值有几位有效数字，计算结果就可保留几位有效数字。例如，$12^2=144=1.4\times10^2$。又如，$\sqrt[3]{2.28\times10^3}=13.16168873=13.2$。

三、实验报告

做完实验之后，更为重要的是分析实验现象，整理实验数据，把直接的感性认识提高到理性认识阶段，对所学知识举一反三，得到更多的东西。这些工作都需通过书写实验报告来训练和完成。实验报告是实验结果的记录，是思维的记录，是实验的永久性的记录。因此要用钢笔或圆珠笔简洁、准确地填写，字迹端正、清晰。

由于实验类型不同，对实验报告的要求、格式等也有所不同，但对实验报告的内容大同小异，一般都包括三部分：即预习部分、记录部分和数据整理部分。

（一）预习部分（实验前完成）

预习部分通常包括下列内容。

① 实验题目。

② 实验日期。

③ 实验目的。

④ 仪器药品　所用仪器型号，重要的仪器装置图等；药品规格及溶液浓度等。

⑤ 实验原理　简要地用文字和化学反应式说明，对特殊仪器的实验装置应画出装置图。

⑥ 实验步骤　简明扼要写出实验步骤。

（二）记录

又称原始记录，要根据实验类型自行设计记录项目或记录表格，在实验中及时记录。这部分内容一般包括实验现象、检测数据。有的实验数据直接由仪器自动记录或画成图像。

（三）数据整理及结论（实验后完成）

这部分包括结果计算、实验结论、问题讨论及现象分析等。

结果计算与结论：对于制备与合成类实验要求有理论产量计算、实际产量及产率计算；对于分析类实验要求写出计算公式和计算过程，并计算实验误差且报告结果；对于化学物理参数测定有必要的计算公式和计算过程，并用列表法或图解法表达出来。

问题讨论：对实验中遇到的问题、异常现象进行讨论，分析原因，提出解决办法，对实验结果进行误差计算和分析，对实验提出改进意见。

实验总结：对所做实验进行总结并做出结论。

思 考 题

1. 对原始记录的基本要求有哪些？

2. 什么叫有效数字？"0"在有效数字中有什么特殊意义？

3. 国家标准中数值的修约规则有哪些？

4. 下列各数的有效数字是几位?

(1) 0.00058; (2) 3.6×10^{-5}; (3) 48.01%; (4) 0.0987; (5) 0.020430; (6) 3.500×10^4;

(7) 0.002000; (8) 35000; (9) pH=4.12; (10) 1000.00; (11) 2.64×10^{-7}; (12) 1.2340

5. 将下列数据按所示的有效数字位数进行修约:

(1) 2.346   修约成三位有效数字;

(2) 3.2374   修约成四位有效数字;

(3) 2.31664   修约成四位有效数字;

(4) 4.3650   修约成三位有效数字;

(5) 2.0511   修约成二位有效数字;

(6) 23.455   修约成四位有效数字;

(7) 7.54946   修约成二位有效数字;

(8) 78.51   修约成二位有效数字。

6. 按有效数字计算规则, 计算下列各式:

(1) $0.0025 + 2.5 \times 10^{-3} + 0.1025$;   (2) $\dfrac{51.38}{8.709 \times 0.09460}$;

(3) $\sqrt{\dfrac{1.5 \times 10^{-8} \times 6.1 \times 10^{-8}}{3.3 \times 10^{-5}}}$ (4) $\dfrac{31.0 \times 4.03 \times 10^{-4}}{3.152 \times 0.002034} + 5.8$;

(5) $\dfrac{0.1000 \times (25.00 - 1.52) \times 246.47}{1.000 \times 1000} \times 100\%$;

(6) $K_2Cr_2O_7$ 的摩尔质量: $39.0983 \times 2 + 51.996 \times 2 + 15.9996 \times 7$

实验 1-1   参观和练习

一、目的要求

1. 了解实验室的布置和设施;

2. 认识常见仪器和药品;

3. 熟悉量筒、台秤、滴管和试纸的使用方法。

二、仪器和药品

台秤、量筒、烧杯、滴管、玻璃棒、表面皿、广泛 pH 试纸、酚酞指示剂、$NaHCO_3$、试管。

三、步骤

1. 参观实验室

① 观察并记住电源闸、煤气开关、水开关的位置。

② 了解常用仪器和药品的存放位置。

③ 记录一种化学试剂的标签(外观、格式和内容)。

④ 记录常用量具的名称和规格。

⑤ 记录可直接加热的常用玻璃仪器的名称和规格。

2. 台秤称量练习

用表面皿作容器在台秤上称取 1g $NaHCO_3$ 放入烧杯中。

3. 量筒读数练习

用量筒量取 100mL 水倒入放有 1g $NaHCO_3$ 的烧杯中。用玻璃棒搅拌溶解完全。将溶液定量地转入 100mL 的试剂瓶中。并写一个标签贴上。

4. 液体试剂取样练习和滴管使用练习

① 用 10mL 的小量筒从试剂瓶中取出 10mL, 最后几滴用滴管滴加。

② 用小量筒和滴管测试 1mL 大约相当于多少滴。

③ 取支试管从试剂瓶中取药 5mL 试液，滴入几滴酚酞指示剂，观察试液呈现的颜色。

5. 试纸的使用

用广泛 pH 试纸测试所配溶液的 pH，测三次，看看读数是否相同。再自选一种精密 pH 试纸再测一次，观察与前三次数值是否相同。

6. 倾注法取液体试剂

将试剂瓶中的试液用倾注法倒回烧杯中。

第二章　化学实验基本操作技术

知识目标

1. 了解常见玻璃仪器用洗涤液的性能和用法。
2. 了解常见玻璃器皿的干燥设施。
3. 了解化学实验室常用的热源及功能。
4. 了解常用的干燥剂。
5. 掌握溶解基本知识和了解搅拌设备。
6. 了解密度计的构造及用途。
7. 了解蒸发和结晶的基本知识。
8. 了解过滤方法及滤纸规格。
9. 了解目视比色基本知识。

技能目标

1. 掌握常见玻璃器皿的洗涤方法和技术。
2. 掌握常见玻璃器皿的干燥技术。
3. 具备化学实验室加热、化学品干燥和灼烧技能。
4. 具备对玻璃管（棒）简单加工的技能。
5. 具有装配简单实验流程的能力。
6. 具备初步的溶解化学品及搅拌的技能。
7. 初步学会使用密度计。
8. 初步具备在实验室蒸发、浓缩、结晶、过滤的能力。
9. 初步学会使用比色管。
10. 具备在实验室制备收集气体和熟悉检查气密性的能力。

第一节　化学实验常用玻璃器皿的洗涤和干燥

一、常用玻璃仪器的洗涤

（一）洗涤液的类型

水是最普通、最廉价、最方便的洗涤液。除此之外实验室还常用一些其他的洗涤液。

1. 酸性洗涤液

（1）铬酸洗涤液　将重铬酸钾研细成末，放置于烧杯中。每 20g $K_2Cr_2O_7$ 加 40mL 蒸馏水，加热溶解，冷却后在充分搅拌下缓缓加入 360mL 浓 H_2SO_4 至溶液呈深褐色，置于密闭容器中备用。

铬酸洗涤液具有强酸性和强氧化性，适用于洗涤无机物沾污的玻璃器皿和器壁残留的少量油污。用洗液浸泡沾污器皿一段时间，效果更好。洗涤液失效后呈绿色，可用 $KMnO_4$ 再生。

（2）工业盐酸和草酸洗涤液　工业浓盐酸或 1+1 盐酸溶液主要用于洗去碱性物质以及大多数无机物残渣。草酸洗液是将 5～10g $H_2C_2O_4$ 溶于 100mL 水中，再加少量浓盐酸配成。主要用来洗涤 MnO_2 和三价铁的沾污。

（3）硝酸溶液　浓度为 $6mol \cdot L^{-1}$ 的 HNO_3 溶液也经常用来洗涤某些还原性物质的沾污。玻璃砂芯漏斗耐强酸和强氧化性，故在使用后，常用硝酸溶液浸泡一段时间，再用蒸馏水涤净，抽干。

安全警示：浓稀 HNO_3 腐蚀性和氧化性都很强，绝对不要弄在皮肤和衣物上。

2. 碱性洗涤液

（1）热肥皂液和合成洗涤剂液　将肥皂削成小片，用热水溶解配成 10％ 左右的溶液，也可用洗衣粉等合成洗涤剂配制成热溶液，洗涤油脂类污垢效果良好；用 2％～5％ 餐具洗涤液效果也很佳。

（2）碱溶液　一般为 20％ 左右的碳酸钠溶液，也可用效力相似的 10％ 左右的 NaOH 溶液。适用于洗涤油脂沾污的器皿。

（3）碱-乙醇洗涤液　在 120mL 水中溶解 120g 固体 NaOH，用 95％ 的乙醇稀释成 1L。用于铬酸洗液无效的各种油污。但凡浓度大的碱液都能侵蚀玻璃，故不要加热和长期与玻璃器皿接触。通常贮存于塑料瓶中。

（4）碱性 $KMnO_4$ 溶液　4g $KMnO_4$ 溶于少量水中再加入 10g NaOH 溶解并稀释成 100mL。使用时倒入被清洗器皿浸泡 5～10min 后倒出，油污和其他有机污垢均能除去，但会留下褐色 MnO_2 痕迹，须用盐酸或草酸洗涤液洗去。

3. 有机溶剂

乙醇、苯、乙醚、丙酮、汽油、石油醚等有机溶剂均可用来洗各种油污。将酒精和乙醚等体积混合液洗溶油腻的有机物很有效，用过的废液经蒸馏回收还可再用。有机溶剂易着火，有的还有毒，使用时应注意安全。将 2 份煤油和 1 份油酸的混合液与等体积混合的浓氨水和变性酒精的混合液搅拌混合均匀，用来清洗油漆特别有效，如将油漆刷子浸入洗液过夜，再用温水充分洗涤即可。

4. 特殊洗涤液

这类洗涤液可对"症"洗涤某些特定污垢，特别是一些难溶污垢。

（1）碘-碘化钾溶液　1g I_2 和 2g KI 溶于少量水中，再稀释至 100mL。用来洗去 $AgNO_3$ 的黑褐色沾污。

（2）乙醇-浓硝酸溶液　用一般方法很难洗净的有机沾污，先用乙醇润湿后倒去过多的乙醇留下不到 2mL，向其中加入 10mL 浓 HNO_3 静置片刻，立即发生激烈反应并放出大量热和红棕色气体 NO_2（小心！），反应停止后用水冲洗。这个过程必须在通风条件下完成，还应特别注意，绝不可事先将乙醇和浓硝酸混合。

5. 其他洗涤液

一些沾污用通常洗涤液还不能除去，就应根据附着物的性质，采用适当的药品处理。例如，器壁上沾有硫化物可用王水溶解；沾有硫黄时可用 Na_2S 处理；AgCl 沉淀沾污用氨水或 $Na_2S_2O_3$ 处理；MnO_2 棕色斑痕也可用 $FeSO_4$ 和稀 H_2SO_4 溶液洗涤。

安全警示：1. 稀释浓 H_2SO_4 时，切不可将浓 H_2SO_4 倒入水中，更不可将水倒入浓 H_2SO_4 中！

2. 凡用餐具洗涤剂、洗衣粉等可完成的洗涤工作，决不用洗液、HNO_3、苯、石油醚、乙醚、汽油等强腐蚀、有毒、易燃易爆的洗涤剂。

（二）洗涤方法

玻璃仪器的洗涤应根据实验的目的和要求、污物的性质及沾污程度，有针对性地选用洗涤液，分别采用下列洗涤方法。

1. 振荡洗涤

振荡洗涤又叫冲洗法，对于可溶性污物可用冲洗，利用水把可溶性污物溶解而除去。为了加速溶解，必须振荡。往仪器中加不超过容积 1/3 的自来水，稍用力振荡后倒掉，反复冲洗数次。试管和烧瓶的振荡如图 2-1 和图 2-2 所示。

2. 刷洗法

内壁有不易冲洗掉的污垢，可用毛刷刷洗。准备一些适用于各种容量仪器的毛刷，如试管刷、烧瓶刷、烧杯刷、滴定管刷等。用毛刷蘸水或洗涤液对容器进行刷洗，利用毛刷对器壁的摩擦使污物去掉，例如用毛刷洗涤试管的步骤如图 2-3～图 2-6 所示。

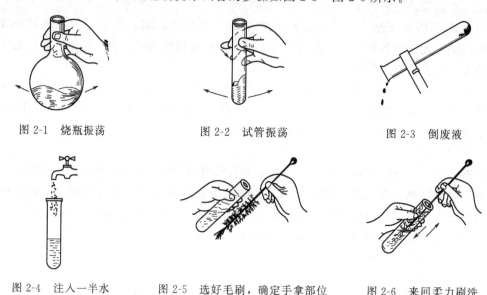

图 2-1　烧瓶振荡　　　　　图 2-2　试管振荡　　　　　图 2-3　倒废液

图 2-4　注入一半水　　　图 2-5　选好毛刷，确定手拿部位　　　图 2-6　来回柔力刷洗

3. 浸泡洗涤

又叫药剂洗涤法，利用药剂与污垢溶解和反应转化成可溶性物质而除去。对于不溶性的、用水刷洗也不能去掉的污物，就要考虑用药剂或洗涤剂来洗涤。例如，用洗液洗涤，先把仪器中的水倒尽，再倒入少量铬酸洗液，使仪器倾斜并慢慢转动，让仪器内壁全部被洗液湿润，转几圈后将洗液倒回原处。用热洗液，或浸泡一段时间效果更好。又如砂芯玻璃漏斗，对滤斗上的沉淀物选用适当的洗涤液浸泡 4～5h，再用水冲洗，抽干。

（三）洗涤中的注意事项

① 刷洗时所选用的毛刷，通常根据所洗仪器的口径大小来选取，过大、过小都不适合；不能使用无直立竖毛（端毛）的试管刷和瓶刷，刷洗不能用力过猛，以免击破仪器底部；手握毛刷的位置不宜太高，以免毛刷柄抖动和弯曲及毛刷端头铁器撞击仪器底部。

② 用肥皂液或合成洗涤剂等刷洗不净，或者仪器因口小、管细，不便用毛刷刷洗时，一般选用洗液洗涤。使用洗液时仪器中不宜有水，以免稀释使洗液失效；贮存洗液要密闭，以防吸水失效；洗液中如有浓硫酸，在倒入被洗仪器中时要先加少量，以免发生反应过分激烈，溶液溅出伤人；洗液中如含有毒 Cr^{3+} 要注意安全；切忌将毛刷放入洗液中。

③ 洗涤时通常是先用自来水，不能奏效再用肥皂液、合成洗涤剂、餐具洗涤剂等刷洗，

仍不能除去的污垢采用洗液或其他特殊洗涤液。洗完后都要用自来水冲洗干净，必要时再用蒸馏水洗。

有时也用去污粉洗涤仪器，去污粉是由碳酸钠、白土、细砂等混合而成。先把仪器用水润湿后，撒入少许去污粉，用毛刷擦洗，再用自来水冲洗至器壁无白色粉末为止。去污粉会磨损玻璃、钙类物质且黏附在器壁上不易冲掉，所以比较适宜洗刷容器外壁，对内壁不太适用，特别是对精确量器的内壁严禁使用去污粉。

④ 洗涤中蒸馏水的使用目的在于冲洗经自来水冲洗后留下的某些可溶性物质，所以只是为了洗去自来水才用蒸馏水。使用时应尽量少用，符合少量多次（一般三次）的原则。

⑤ 仪器洗净的标志是把仪器倒转过来，水顺着器壁流下只留下匀薄的一层水膜，不挂水珠，证明仪器已洗洁净。

各种实验对仪器洁净度的要求不尽相同，定性和定量分析实验，由于杂质的引进会影响实验的准确性，对仪器的洗净度要求比较高。一般的无机制备、性质实验、有机制备，或者药品本身纯度不高，副产物较多的反应实验，对仪器清洗要求不太高，如大多数有机实验除特殊要求外，对仪器一般都不要求用蒸馏水荡洗，也不一定要不挂水珠。

⑥ 已洗净的仪器不能再用布或纸抹拭，因为布和纸的纤维或上面的污物反而将仪器弄得更脏。

二、玻璃器皿的干燥

有的实验要求无水，这就要求把洗净的仪器进行干燥。干燥除水可采用下列方法。

（1）晾干或风干法　将洗净的仪器倒置于沥水木架上或放在干燥的柜中过夜，让其自然干燥。自然干燥最简单也最方便，但要防尘。

（2）烤干　利用加热能使水分迅速蒸发的方法，使仪器干燥。此法常用于可加热或耐高温的仪器，如试管、烧杯、烧瓶等。加热前先将仪器外壁擦干，然后用小火烤。烧杯等放在石棉网上加热，如图 2-7 所示。试管用试管夹夹住，在火焰上来回移动保持试管口低于管底，直至不见水珠后再将管口向上赶尽水气（见图 2-8）。

图 2-7　烧杯烤干

（3）有机溶剂干燥法　又叫快干法，对一些不能加热的厚壁仪器，如试剂瓶、比色皿、称量瓶等，或有精密刻度的仪器如容量瓶、滴定管、吸管等，可加入3～5mL易挥发且与水互溶的有机溶剂，转动仪器使溶剂将内壁湿润后，回收溶剂。借残余溶剂的挥发把水分带走，如图 2-9 所示。如同时用电吹风往仪器中吹入热风，更可加速干燥，如图 2-10。

图 2-8　试管烤干

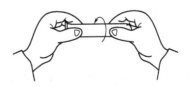

图 2-9　快干法（有机溶剂法）

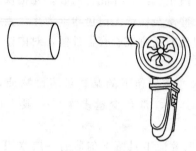

图 2-10 吹干

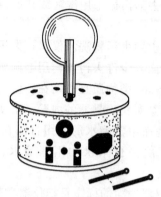

图 2-11 气流烘干器

（4）吹干 使用电吹风对小型和局部干燥的仪器比较适用，它常与有机溶剂法并用。使用方法是，一般先用热风吹，后用冷风吹。实验室普遍使用的气流烘干器来干燥某些玻璃器皿非常方便，如图 2-11 所示。

（5）烘干法 烘箱又叫电热鼓风干燥箱，是干燥玻璃器皿的常用设备，也用来干燥化学药品。烘箱适用于需要干燥较多的仪器时使用。一般是将洗净的仪器倒置控水后，放入箱内的搁板上，关好门，将箱内温度控制在 105～110℃，恒温约 30min 即可。

安全警示：玻璃器皿切忌骤冷骤热和局部过冷过热，以防止爆裂损坏。

三、电热恒温干燥箱的使用

电热恒温干燥箱又叫电热鼓风干燥箱，简称烘箱。如图 2-12 所示，箱的外壳是由薄钢板制成的方形隔热箱。内腔叫工作室，室内有几层孔状或网状隔板又叫搁板，用来搁放被干燥物品。箱底有进气孔，顶上有可调节孔径的排气孔以达到换气目的。排气孔中央插入温度计以指示箱内温度。箱门有两道，里门是高温而不易破碎的钢化玻璃，外门是具有绝热层的金属隔热门。箱侧装有温度控制器、指示灯、鼓风用的电动机、电热开关及电器线路等部件。

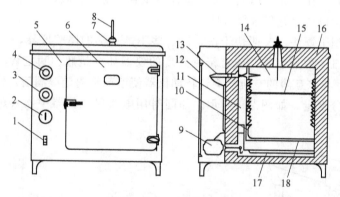

图 2-12 电热恒温干燥箱

1—鼓风开关；2—加热开关；3—指示灯；4—控温器旋钮；5—箱体；6—箱门；7—排气阀；
8—温度计；9—鼓风电动机；10—搁板支架；11—风道；12—侧门；13—温度控制器；
14—工作室；15—试样搁板；16—保温层；17—电热器；18—散热板

烘箱的热源是外露式电热丝，装在瓷盘或绕在瓷管上，固定在箱底夹层中。大型烘箱电热丝分两大组，一组为恒温电热丝，由温度控制器控制，是烘箱的主发热体；另一组为辅助电热丝，直接与电源相连，是辅助发热体，用来短时间升温到 120℃ 以上的辅助加热。两组热丝合并在转换开关旋钮上，常见的是四档旋钮开关，旋钮指"零"干燥箱断电不工作；指"1"挡和"2"挡时恒温加热系统工作；指"3"和"4"挡时恒温系统和辅助系统都在加热工作。有的烘箱只分成"预热"和"恒温"两挡。还有的分 3 挡。

烘箱常用温度是 100～150℃，在 50～300℃ 可任意选定温度。烘箱的型号不同，升温、恒温的操作方法及指示灯的颜色亦有差异，使用前要熟读随箱所带的说明书，按说明书要求进行操作。图 2-12 所示的电热鼓风干燥箱使用时，应先接上电源，然后开启两组加热开关，将控温器旋钮由"0"位顺时针旋至适当指数（不表示温度）处，箱内开始升温，指示灯发亮，同时开动鼓风机。当温度升至所需工作温度（从箱顶温度计上观察）时，将控温器旋钮逆时针慢慢旋回至指示灯熄灭，再仔细微调至指示灯复亮，指示灯明暗交替处即为所需温度的恒定点。此时再微调至指示灯熄灭，令其恒温。

恒温时可关闭一组加热开关，以免加热功率过大，影响温度控制的灵敏度。

烘箱使用时应注意如下事项。

① 烘箱应安装在室内通风、干燥、水平处，防止振动和腐蚀。

② 根据烘箱的功率、所需电源电压，配置合适的插头、插座和保险丝，并接好地线。

③ 往烘箱放入欲干燥的玻璃仪器，应先尽量把水沥干，口朝下，自上而下依次放入。在烘箱下层放一搪瓷盘承接从仪器上滴下的水，防止水滴到电热丝上。

④ 先打开箱顶的排气孔，再接上电源。升温、恒温干燥完成后，取出仪器时要防止烫伤，仪器在空气中冷却时，要防止水气在器壁上冷凝。必要时可移入干燥器中存放。

⑤ 易燃、易挥发、有腐蚀性物质不能进入烘箱，以免发生火灾和爆炸的事故。

⑥ 保持箱内清洁，不得放入其他杂物，更不能放入饮食加热或烘烤。

⑦ 升温阶段不能无人照看，以免温度过高，导致水银温度计炸裂。

思 考 题

1. 一位同学拿起一支试管，用蒸馏水注满，上下振荡洗冲。反复了三次。此过程有些什么错误？
2. 玻璃仪器洗干净的标志是什么？
3. 一只污染了黑色 MnO_2 的锥形瓶，怎样将它洗干净，以便用来做滴定分析？
4. 一只被油污沾污的烧瓶，怎样将它洗干净，以便用来蒸馏粗乙醇实验？
5. 使用烘箱要注意哪些事项？

实验 2-1 化学实验仪器的认领和洗涤

一、目的要求

1. 认识化学实验中的常用仪器；
2. 了解各种玻璃仪器的规格和性能；
3. 掌握常用玻璃仪器的洗涤和干燥方法。

二、实验步骤

1. 检查仪器

根据实验室提供的仪器登记表对照检查实验仪器的完好性，认识各种仪器的名称和规格，然后分类摆放整齐。

2. 玻璃仪器的洗涤

① 按下列步骤洗涤一个普通试管、一个离心试管、一个烧杯和一个锥形瓶。

洗涤时先外后里。先用自来水冲洗，选用适当的毛刷，蘸取洗涤液（肥皂水、洗衣粉水、餐具洗涤剂或去污粉）刷洗，用自来水冲洗干净后再用蒸馏水冲洗 2～3 次，然后检查是否洗净，加少量蒸馏水振荡几下倒出，将仪器倒置，如果仪器透明不挂水珠，而是附着一层均匀的水膜就说明仪器已经洗净。

② 选择一个带有重污垢的烧瓶用自来水冲洗后，用适量的铬酸洗液浸泡 5～10min（铬酸洗液回收），再用自来水冲洗干净，最后用少量蒸馏水冲洗 2～3 次。

③ 洗一支滴定管，先用自来水冲洗后，左手持酸式滴定管上端，使滴定管自然垂直，用右手倒入洗涤液约 10mL，然后换手，右手持滴定管上端，左手持下端稍倾斜，两手手心向上，拇指向上，食指向下旋转滴定管，使滴定管边倾斜边慢慢转动，将滴定管内壁全部被洗涤液润湿后，再转动几圈，放出洗涤液，用自来水把滴定管中的残液冲洗干净，再用少量蒸馏水冲洗 2～3 次。如果未洗干净也可选用铬酸洗液浸泡洗涤。

碱式滴定管的洗涤方法基本同上，但应该注意铬酸洗液不能直接接触乳胶管，否则会使乳胶管氧化变硬或破裂。洗涤时可先取下胶管部分倒置，用洗耳球吸入铬酸洗液进行浸洗。

④ 洗一支吸量管，洗涤时通常用右手的大拇指和中指拿住管颈标线以上近管口处，把吸管插入洗涤液液面以下 15～20mm 深度（用烧杯盛洗涤液），不要插入过深也不要插入过浅，以免吸管外壁带液过多或液面下降时吸空。左手拿洗耳球，先把球内空气排出，把球尖端按住吸管管口，慢慢松开手指，此时洗涤液逐渐吸入管内，并注意观察，当洗涤液吸入管内容积的 1/3 左右时，迅速移离洗耳球，右手食指快速按住管口，将吸管横持，左手扶住管下端，右手食指慢慢松开管口，边转动边降低管口端，使吸管内壁全部被洗涤液润湿，然后从吸管下口把洗涤液放出，再以同样的操作用自来水把吸管中的残留液冲洗干净。

洗净后的玻璃仪器，稍静置待水流尽后，器壁上应不挂水珠为宜。至此再用蒸馏水洗涤 2～3 次，除去自来水中带入的杂质。

3. 玻璃仪器的干燥

① 将洗净的离心试管、烧瓶、锥形瓶，放入烘箱中，温度控制在 105℃ 左右，恒温 30min 即可。也可倒插在气流干燥器上干燥。

② 将洗好的滴定管倒夹在滴定台上自然晾干。

③ 将洗净的普通试管用酒精灯焰烤干。

④ 将洗净的烧杯用电吹风机吹干，必要时可事先注入 5～10mL 无水乙醇后转动烧杯，使溶剂沿内壁流动，待烧杯内壁全部被乙醇润湿后倒出（回收），再吹干。

三、注意事项

① 用毛刷刷洗玻璃仪器时用力不要过猛，以免捅坏仪器，扎伤皮肤。

② 准确量度溶液体积的仪器，如滴定管、容量瓶、吸管等不能用毛刷和去污粉刷洗，以免降低其准确度。

③ 铬酸洗液具有强酸性及强氧化性，毒性较大，对皮肤、衣物等都有较强的腐蚀性，使用时应格外仔细，小心操作以免溅出造成损伤。使用前应先倾干仪器中的水分，使用后应倒回原瓶保存。

思 考 题

1. 使用铬酸洗液应注意哪些问题？

2. 如何使用烘箱干燥玻璃仪器？

3. 精密玻璃量具能否用去污粉和毛刷刷洗，为什么？

<h1 style="text-align:center">第二节　加热和化学品干燥技术</h1>

一、热源

（一）灯焰热源

实验中说的明火指的主要就是灯焰，实验室常用的有酒精灯、酒精喷灯、煤气灯等。

1. 酒精灯

酒精灯构造简单，如图 2-13 所示。灯焰可分为焰心、内焰、外焰，外焰温度最高，如图 2-14 所示。

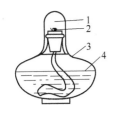

图 2-13　酒精灯的构造

1—灯帽；2—灯芯；3—灯壶；

4—酒精加入量不超过容积的 $\frac{2}{3}$

图 2-14　酒精灯的灯焰

1—外焰；2—内焰；3—焰心

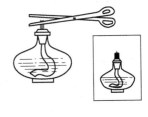

图 2-15　修整灯芯

酒精灯的使用注意事项如图 2-15～图 2-19 所示。

图 2-16　添加酒精

（酒精加入量为灯壶容积的 1/2～2/3）

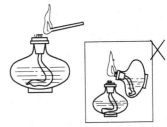

图 2-17　点燃

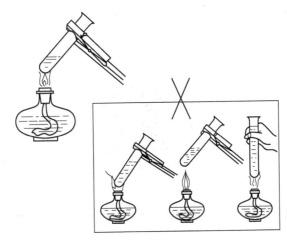

图 2-18　加热

 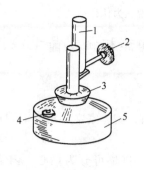 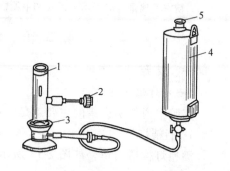

图 2-19　盖灭　　　　　图 2-20　座式喷灯　　　　　图 2-21　挂式喷灯

1—灯管；2—空气调节器；3—预热盘；　　1—灯管；2—空气调节器；3—预热盘；

4—铜帽；5—酒精壶　　　　　　4—酒精贮罐；5—盖子

2. 酒精喷灯

常见的有座式和挂式两种，如图 2-20 和图 2-21 所示。

使用挂式酒精喷灯时，在酒精贮罐中加入 $\frac{2}{3}$ 左右容积的工业酒精，挂到距喷灯约 1.5m 左右的上方。在预热盆中注入少量酒精，点燃以加热灯管。待盆内酒精接近烧完时，小心开启开关，使酒精进入灯管后受热汽化上升，用火柴在管口上方点燃。调节酒精进入量和空气孔的大小，即可得到理想的火焰。座式喷灯酒精贮在壶中，用法与挂式相似，但是座式喷灯因酒精贮量少，连续使用不能超过 30min。如需较长时间使用，应先熄灭、冷却，添加酒精后再用。

挂式喷灯用毕，必须立即先将酒精贮罐的下口关闭。当灯管没有充分预热好，或室温低且火焰小时，酒精在灯管内不能完全汽化，会有液体酒精从灯管口喷出形成"火雨"，此时最易引起火灾，必须立即关闭，重新预热成为正常状态方可使用。

3. 煤气灯

煤气灯式样很多，但构造原理基本相同，最常见的煤气灯如图 2-22 所示。它由灯座和金属管两部分组成。金属灯管的下部有螺旋与灯座相接。灯管下部有几个圆孔是空气的进口，旋动灯管可以调节空气的进入量。灯座侧面有煤气的进口，另一侧（或下方）有一螺旋针，用来调节煤气的进入量。使用煤气灯时先旋转金属灯管将灯上的空气入口关闭，用橡皮管连接灯的煤气进口和煤气管道上的出口，开启煤气灯旋塞并将灯点燃，如图 2-23 和图 2-24 所示。

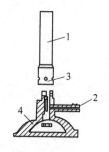  

图 2-22　煤气灯的构造　　　　图 2-23　煤气灯的调节　　　　图 2-24　煤气灯的点燃

1—灯管；2—煤气入口；

3—空气入口；4—螺旋形针阀

刚点燃的火焰温度不高，呈黄色。旋转金属灯管逐渐加大空气的进入量，煤气的燃烧逐渐完全。产生出正常的火焰，如图 2-25 所示。正常火焰可分成三个锥形区域。内层焰心，煤气与空气混合，火焰呈黑色，温度约 300℃；中层为还原焰，煤气没有完全燃烧，部分分解为含碳产物，故这区域的火焰具有还原性，火焰呈淡蓝色，温度较高；外层是氧化焰，过剩的空气使这部分火焰具有氧化性，火焰呈紫色，温度最高达 900～1000℃。实验中都用氧化焰加热。

当空气和煤气的进入量调节得不适当时，会产生不正常的火焰。当煤气和空气进入量都过大，就会临空燃烧，产生"临空火焰"；当煤气量进入过少，而空气量很大，煤气就在灯管内燃烧，还会产生特殊的嘶嘶声和一根细长的火焰，叫做"侵入火焰"。如图 2-26 和图 2-27所示。有时在使用过程中，煤气量因某种原因而减少，这时就会产生侵入火焰，这种现象叫"回火"。当遇到临空火焰和侵入火焰时，应关闭煤气开关，重新点燃和调节。煤气灯是 1855 年德国化学家本生发明的，故过去一些书上又叫它本生灯。

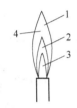

图 2-25　正常火焰
1—氧化焰；2—还原焰；
3—焰心；4—最高温度处

图 2-26　临空火焰
（煤气、空气量都过大）

图 2-27　侵入火焰
（煤气量小，空气量大）

安全警示：煤气中含有 CO 等有毒成分，在使用过程中绝不可把煤气逸到室内。煤气中一般都含有带特殊臭味的杂质，漏气时容易发现，一旦觉察漏气，应立即停止实验，及时查清漏气原因并排除。

（二）电设备热源

1. 电炉、电热板和电热包

（1）电炉　电炉是能将电能转变成热能的设备，是实验室最常用的热源之一。电炉由电阻丝、炉盘、金属盘座组成。电阻丝电阻越大产生的热量就越大，按发热量不同有 500W、800W、1000W、1500W、2000W 等规格，瓦数（W 表示）大小代表了电炉功率。

电炉按结构不同，又有暗式电炉、球形电炉、加热套（包）等，最简单的盘式电炉如图2-28 所示。

图 2-28　盘式电炉

图 2-29　调压器

使用电炉时最好与自耦变压器配套使用，自耦变压器也叫调压器，如图 2-29。它输入电压为 220V，输出电压可在 0～240V 间任意调节，将电炉接到输出端，调节输出电压，就可控制电炉的温度。调压器常见的规格有 0.5kW、1kW、1.5kW、2kW 等，选用时功率必须大于用电器功率。

使用电炉时，加热的金属容器不能触及炉丝，否则会造成短路，会烧坏炉丝甚至发生触电事故。电炉的耐火砖炉盘不耐碱性物质，切勿把碱类物质散落其上，要及时清除炉盘面上的灼烧焦糊物质，保护炉丝传热良好，延长使用寿命。电炉的连续使用时间不应过长，以免缩短使用寿命。在受热容器与电炉间应有石棉网，使受热均匀，又能避免炉丝受到化学品的侵蚀。

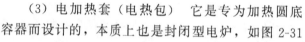

安全警示：切忌将水、溶液或有机液体溅滴在工作中的电炉和电阻丝上。

（2）电热板　电热板本质是封闭型的电炉，如图 2-30 所示。外壳用薄钢板和铸铁制成，表面涂有高温皱纹漆，以防止氧化。外壳具有夹层，内装绝热材料。发热体装在壳体内部，由镍铬合金电炉丝制成。由于发热体底部和四周都充有玻璃纤维等绝热材料，故热量全部由铸铁平板热面向上散发，加上电炉丝排列均匀，更能较好地达到均匀加热的目的。电热板特别适用于烧杯、锥形瓶等平底容器加热。

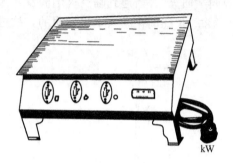

图 2-30　电热板

（3）电加热套（电热包）　它是专为加热圆底容器而设计的，本质上也是封闭型电炉，如图 2-31 所示。电热面为凹的半球面。按容积大小有 50mL、100mL、250mL 等规格，用来代替油浴、沙浴对圆底容器加热。使用时，受热容器悬置在加热套的中央，不得接触内壁，形成一个均匀加热的空气浴，适当保温，温度可达 450～500℃。切勿将液体注入或溅入套内，也不能加热空容器。

2. 管式电炉和箱式电炉

管式电炉和箱式电炉都是高温热源。高温炉的型号规格很多，但结构基本相似，一般由炉体、温度控制器、电阻或热电偶三部分组成。

（1）管式炉　炉膛为管状，内插一根瓷管或石英管，瓷管中可放盛有反应物的瓷反应舟。面上可通过空气或其他气流，造成反应要求的气氛，从而实现某些高温固相反应。炉内的发热体可以是电热丝或硅碳棒，如图 2-32 和图 2-33 所示。温度控制一般为电子温度自动控制器，亦可用调压器通过调节输入电压来控制。

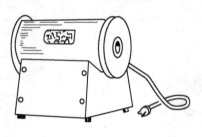

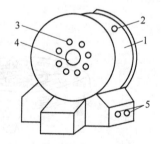

图 2-31　电热包　　　图 2-32　管式炉（电热丝加热）　　　图 2-33　管式炉（硅碳棒加热）

1—炉体；2—插热电偶孔；3—安装硅碳棒孔；4—炉膛；5—电源接线柱

（2）箱式高温炉　又叫马弗炉，其外型如图 2-34 所示。炉腔用传热好、耐高温而膨胀系数小的碳化硅材料制成。热源为炉膛内镍铬电阻丝（Ni75%～80%，Cr20%～25%），耐温达 1100℃，为安全起见，通常限于 950～1000℃ 下使用。炉膛外围包厚层绝热砖及石棉纤维。外壳包上带角铁的骨架和铁皮。

3. 高温炉使用注意事项

① 高温炉安装在平整、稳固的水泥台上。温度控制器的位置与高温炉不宜太近，防止过热使电子元件工作不正常。

② 按高温炉的额定电压，配置功率合适的插头、插座、保险丝等。外壳和控制器都应接好地线。地面上最好垫一块厚橡皮板，以确保安全。

③ 高温炉第一次使用或长期停用后再使用必须烘炉，不同规格型号的高温炉烘炉温度和时间不同，按说明书要求进行。

④ 使用前核对电源电压、热电偶与测量温度是否相符。热电偶正负极不要接反。

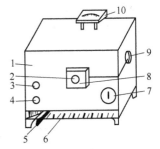

图 2-34　高温炉外形示意图
1—炉体；2—炉门上的透明观察孔；3—电源指示灯；4—自控指示灯；5—变阻器滑动把柄；6—变阻器接触点；7—自控调节钮；8—绝热门；9—门的开关把；10—温度计（热电偶）

⑤ 使用时先合上电源开关，温度控制器上指示灯亮，调节温控器旋钮。使指针指到所需温度，开始升温。升温阶段不要一次调到最大，逐步从低、中温到高温分段进行，每段 15～30min。待炉温升到所需温度，控制器另一指示灯亮，可进行实验样品的灼烧和熔融。

⑥ 炉周围不要存放易燃易爆物品。炉内不宜放入含酸、碱性的化学品或强氧化剂，防止损坏炉膛和发生事故。

⑦ 放入或取出灼烧物时，最好先切断电源，以防触电。取出灼烧物应先开一个缝而不要立即打开炉门，以免炉膛骤然受冷碎裂。取灼烧物品用长柄坩埚钳，先放到石棉板上，待温度降低后，再移放干燥器中。

⑧ 水分大的物质应先烘干后，再放入炉内灼烧。

⑨ 勿使电炉激烈振动，因为电炉丝一经红热后就会被氧化，极易脆断。同时也要避免电炉受潮，以免漏电。

⑩ 停止使用后，立即切断电源。

二、实验室常见热源的最高温度

实验室常见热源的最高温度见表 2-1。

表 2-1　实验室常见热源的最高温度

热源类型	最高温度	热源类型	最高温度
酒精灯	400～500℃	硅碳棒	1300～1350℃
酒精喷灯	800～1000℃	高温炉	
煤气灯	700～1200℃	镍铬丝	900℃
电炉	900℃左右	铂丝	1300℃
电热包	450～500℃		
管式电炉			
电热丝	900℃左右		

实验室常用电加热按形成热的方式可以分成电阻加热法、感应加热法、电弧加热法，后

者可获得3000℃以上的温度。表2-1中最高温度的说法是比较粗糙的，以便在加热时选择热源可以有一大概的了解。严格地讲，只能以设备的说明书为准，因为随着材料、条件等的差异可达最高温度也有差别。

三、加热方法

（一）直接加热

在实验室中，烧杯、试管、瓷蒸发皿等常作为加热的容器，它们可以承受一定的温度，但不能骤热和骤冷。因此，加热前必须将器皿外壁的水擦干。加热后，不能突然与水或潮湿物局部接触。

只有热稳定性好的液体或溶液、固体才可加热。加热液体一般不宜超过所盛容器容积的$\frac{1}{3} \sim \frac{1}{2}$。

1. 加热烧杯、烧瓶中的液体

必须将盛液玻璃器皿放在石棉网上加热，否则容易因受热不均匀而破裂，如图2-35表示。

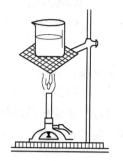 

图2-35　加热烧杯中的液体　　　　图2-36　加热试管中的液体

2. 加热试管中的液体

试管加热是最普通、最基本、最常用的操作，如图2-36所示。一些不规范和错误的操作如图2-37所示。

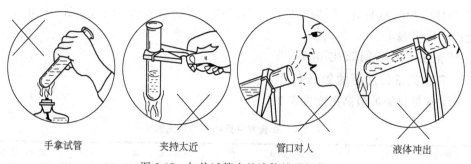

手拿试管　　　　夹持太近　　　　管口对人　　　　液体冲出

图2-37　加热试管中的液体错误操作

试管加热，受热液体量不得超过试管高度的1/3，用试管夹夹持在中上部大约距试管口的1/4处。加热时试管不能直立，应稍微倾斜，管口不要对着自己和别人。为使其受热均匀，先加热液体的中上部，再慢慢往下移动，并不时地移动和振荡，以防止局部过热产生的蒸气带液冲出。

3. 加热试管中的固体

将固体在试管底部铺匀，这是因为药品集中底部容易形成硬壳，阻止内部药品反应，若同时有气体生成就会带药品冲出。块状固体或大颗粒固体一般应先研细。加热和夹持位置与加热液体相同。试管要固定在铁架台上，试管口稍微向下倾斜，如图 2-38 所示。常见的错误操作如图 2-39 所示。

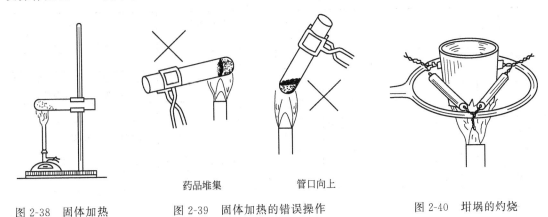

图 2-38 固体加热   图 2-39 固体加热的错误操作   图 2-40 坩埚的灼烧

药品堆集   管口向上

4. 高温灼烧固体

将欲灼烧固体放在坩埚中，坩埚用泥三角支承，如图 2-40 所示。先用小火预热，受热均匀后再慢慢加大火焰。用氧化焰将坩埚灼烧至红热，再维持片刻后，停止加热，稍冷后用预热的坩埚钳夹持，取下，放入干燥器中冷却。也可先在电炉上干燥后放入高温炉中灼烧。

安全警示： 上述打×的图示属于错误操作，必须避免，以杜绝事故发生。

（二）间接加热

为了避免直接用火加热的缺点，在实验室中常用水浴、油浴等方法加热，这种间接加热的方法不仅使被加热容器或物质受热均匀，而且也是恒温加热和蒸发的基本方法。

1. 水浴

常用铜质水浴锅，也可以用大烧杯作水浴来进行某些试管实验。锅内盛放约 2/3 容积的水，选择大小适当的水浴锅铜圈来支承被加热器皿，如图 2-41 所示。受热的水或产生的蒸汽对受热器皿和物质进行加热。

电热恒温的水浴锅有两孔、四孔及六孔等类型。一般每孔有四圈一盖，孔最大直径为 120mm。加热器位于水浴锅的底部。正面板上装有自动恒温控制器。水箱后上方插温度计以指示水浴的温度。后下方或左下方装有放水阀。外型如图 2-42 所示。使用时必须先加好水后再通电，可在 37～100℃ 范围内选择恒定温度，温差 ±1℃。箱内水位应保持在 2/3 高度处，严禁水位低于电热管。

图 2-41 水浴加热

2. 油浴

油浴所用油有花生油、豆油、菜籽油、亚麻油、甘油、硅油等。加热时必须将受热容器浸入油中。使用植物油的缺点是温度升高有油烟逸出，容易引起火灾，植物油使用后易老化、变黏、变黑。所用硅油是一种硅的有机化合物，一般是无色、无味、无毒、难挥发性的液体，但价格昂贵。

图 2-42 电热恒温水浴锅

除水浴、油浴外，尚有沙浴、金属（合金）浴、空气浴等。加热浴的使用温度等资料见表 2-2。

表 2-2　常见加热浴一览表

类　别	内　容　物	容器材质	使用温度/℃	备　注
水浴	水	铜、铝等	约 95	用无机盐饱和沸点升高
水蒸气浴	水	铜、铝等	约 95	
油浴	各种植物油	铜、铝等	约 250	加热到 250℃ 以上冒烟，易着火。油中勿溅水。高温被氧化
沙浴	沙	铁盘	约 400	
盐浴	如 KNO₃ 和 NaNO₃ 等质量混合	铁锅	220～680	浴中切勿溅水，盐要干燥
金属浴	各种低熔点金属、合金等	铁锅	因金属不同而异	300℃ 以上渐渐被氧化
其他	甘油、液体石蜡、硅油等	铁、铝、烧杯等	因物而异	

四、干燥

有的化学品必须除去水分，有的化学反应必须在无水条件下进行，有的化学品必须在干燥条件下贮存，有些精密仪器如分析天平也要求防潮。所以干燥是一项基本技术。干燥是除去固体、气体或液体中含有少量水分或少量有机溶剂的物理化学过程。

干燥的方法大致可分为两类：一类是物理方法，通常用吸附、分馏、恒沸蒸馏、冷冻、加热等方法脱水，以达到干燥的目的；另一类是化学方法，所选用的是能与水可逆地结合成水合物的干燥剂，或是与水起化学反应生成新化合物的干燥剂。

（一）干燥剂

能吸收水分脱除气态和液态物质中游离水分的物质称为干燥剂。化学实验室中常用的干燥剂列于表 2-3。

表 2-3　常用干燥剂

干燥剂	酸碱性	与水作用的产物	适用范围	备　注
$CaCl_2$	中性	$CaCl_2 \cdot nH_2O$ $n=1,2,6$。30℃ 以上失水	烃、卤代烃、烯、酮、醚、硝基化合物、中性气体、氯化氢	① 吸水量大，作用快，效力不高 ② 含有碱性杂质 CaO ③ 不适用于醇、胺、氨、酚、酸等
Na_2SO_4	中性	$Na_2SO_4 \cdot nH_2O$　$n=7,10$ 33℃ 以上失水	同 $CaCl_2$。$CaCl_2$ 不适用的也适用	吸水量大，作用慢，效力低
$MgSO_4$	中性	$MgSO_4 \cdot nH_2O$　$n=1,7$ 48℃ 以上失水	同 Na_2SO_4	较 Na_2SO_4 作用快，效力高
$CaSO_4$	中性	$CaSO_4 \cdot \frac{1}{2}H_2O$ 加热 2～3h 失水	烷、醇、醚、醛、酮、芳香烃等	吸水量小，作用快，效力高
K_2CO_3	强碱性	$K_2CO_3 \cdot nH_2O$　$n=0.5,2$	醇、酮、酯、胺、杂环化合物等碱性物质	不适用于酚、酸类化合物
NaOH KOH	强碱性	吸收溶解	胺、杂环化合物等碱性物质	① 快速有效 ② 不适用于酸性物质
CaO BaO	碱性	$Ca(OH)_2$ $Ba(OH)_2$	低级醇、胺	效力高，作用慢，干燥后液体需蒸馏
金属 Na	强碱性	反应产物 H_2+NaOH	醚、三级胺、烃中痕量水	① 快速有效 ② 不适用于醇、卤代烃等对碱敏感物

干燥剂	酸碱性	与水作用的产物	适用范围	备 注
CaH_2	碱性	反应产物 $H_2+Ca(OH)_2$	碱性、中性、弱酸性化合物	① 效力高,作用慢,干燥后液体需蒸馏 ② 不适用于对碱敏感物质
浓 H_2SO_4	强酸性	$H_2SO_4 \cdot H_2O$	脂肪烃、卤代烷烃	① 效力高 ② 不适用于烯、醚、醇及碱性化合物
P_2O_5	酸性	HPO_3 $H_4P_2O_7$ H_3PO_4	醚、烃、卤代烃、腈中痕量水。酸性物质、CO_2 等	① 效力高,吸收后需蒸馏分离 ② 不适用于醇、酮、碱性化合物、HCl、HF 等
分子筛		物理吸附	有机物	快速、高效,可再生使用
硅胶		物理吸附	吸潮保干	不适用于 HF

（二）物质的干燥

1. 气体的干燥

实验室制备的气体常常带有酸雾和水汽，通常用洗气瓶、干燥塔、U 形管、干燥管等仪器进行净化和干燥，如图 2-43 所示。例如洗气瓶中盛浓硫酸，气体经过，大部分水分被吸收；再经过内装氯化钙、硅胶、分子筛等干燥剂的干燥塔。在实际操作中要根据被干燥气体的具体条件，来选择适当的干燥剂和干燥流程。

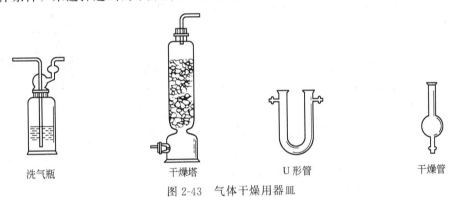

洗气瓶　　　　干燥塔　　　　U 形管　　　　干燥管

图 2-43　气体干燥用器皿

2. 有机液体的干燥

有机液体中的水分均可用合适的干燥剂干燥。干燥剂选择首先考虑是否与被干燥物在性质上相近，即不反应、不互溶、无催化作用；其次要从含水量及需要干燥的程度出发。对含水量大、干燥要求高，应先用吸水量大、价格低廉的干燥剂作初步干燥。一般情况下，根据经验，1g 干燥剂约可干燥 25mL 液体。当出现浑浊液体变澄清、干燥剂不再黏附在容器壁上、摇振容器时液体可自由漂移等现象时，可判断干燥已基本完成。然后过滤分离，干燥后的液体无论是进行蒸馏分离或其他处理，都应按无水操作要求进行。

液体干燥，实验室中通常是将其与干燥剂放在一起，配上塞子，不时地振摇，摇振后长时间放置，最后分离。若干燥剂与水发生反应生成气体，还应配装出口干燥管，图 2-44 所示。

无水氯化钙

脱脂棉

图 2-44　液体的干燥

3. 固体的干燥

（1）自然干燥　遇热易分解或含有易燃易挥发性溶剂的固体可置于空气中自然干燥。

（2）用烘箱烘干　将欲烘干固体或结晶体放在表面皿中，放入烘箱中烘干。有时把含水固体放在蒸发皿中，在水浴或石棉网先直接加热干燥后，再送入烘箱中烘干。

开启　　　　　挪动

图 2-45　干燥器的开启与挪动

（3）在干燥器中干燥　含水量极小的固体可置于培养皿或表面皿中，然后放在干燥器的上室中，靠下室干燥剂吸收湿气而干燥。这种方法对于痕量水或干燥保存化学品很有效。干燥器的操作如图 2-45 所示，干燥器是磨口的厚玻璃器皿，磨口上涂有凡士林，使其更好密合，底部放适量的干燥剂，其中有一带孔的瓷板。

真空干燥器与普通干燥器基本相同，仅在盖上有一玻璃活塞，可用来接在水冲泵上抽气减压，从而使干燥效果更好，速度更快。

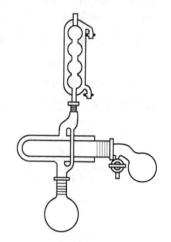

图 2-46　真空恒温
干燥器（干燥枪）

（4）真空恒温干燥器　俗名又称干燥枪。如图 2-46 所示，适用于少量物质的干燥，将欲干燥的固体置于夹层干燥筒中，吸湿瓶内放置干燥剂 P_2O_5，锥形瓶中置有机溶剂，它的沸点要低于被干燥固体的熔点。通过活塞抽真空，加热回流锥形瓶中的溶剂，利用蒸气加热夹套，从而使试样在恒定温度下得到干燥。

（5）红外线干燥　红外灯用于低沸点易燃液体的加热。也用于固体干燥，红外线穿透能力很强，能使溶剂从固体内部各个部位都蒸发出来。加热和干燥有速度快、安全等优点。

思　考　题

1. 以煤气灯为例，说明正常火焰的三个区域的性质？
2. 怎样控制和调节电炉的温度？
3. 什么情况下使用电热包？有什么优点？
4. 使用高温炉要注意些什么？
5. 直接加热必须满足什么条件才能采用？
6. 怎样使用恒温水浴？
7. 要干燥氨、氯化氢、苯应分别选择何种干燥剂？
8. 用干燥剂干燥有机液体中的水分，完成干燥的标志是什么？
9. 分析天平中为什么要放置干燥剂？
10. 有些化工产品要测定水分含量，要完成这项任务，要用到些什么仪器和器皿？要有些什么操作或手续？

第三节　玻璃管（棒）加工及玻璃仪器装配技术

一、玻璃加工的基本操作技术

（一）玻璃品加工的预热与退火

1. 预热

玻璃是热的不良导体，玻璃管（棒）在加工过程中，如果各部位突冷突热，冷热不均就很容易造成碎裂。即使在操作过程中，每次离开火焰片刻之后，再次放回高温火焰之前，都必须要经过适当的预热，以防止温度突变加工失败。预热是把玻璃管（棒）在加工之前将其加工部位及周围先在火焰上方往返移动，把玻璃管（棒）烤热，并渐近火焰，在低温火焰上旋转加热数秒，然后方可插入高温火焰中加热，以防止玻璃管（棒）骤热破裂。

2. 退火

玻璃管（棒）在加工过程中，受热部位与未受热部位温差悬殊，因此就必然在它们之间形成一个很窄的热分界区，在这个热分界区中，高温部分和低温部分之间就产生了一个相互阻止对方变化的力（热胀、冷缩），这个力称为应力，玻璃管（棒）熔融所产生的应力，一般分布在熔融部位的两侧，距火焰边缘 1cm 处，在侧面熔融的玻璃管所产生应力分布在熔融部位的四周，如图 2-47 所示。

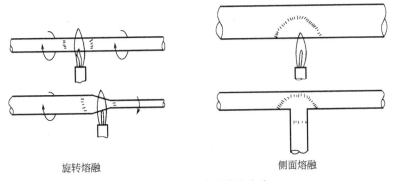

旋转熔融　　　　　　　　　　侧面熔融

图 2-47　熔融玻璃管的应力

应力的存在很容易使玻璃制品发生爆裂，因此任何一种经喷灯加热后成型的玻璃制品，在加工完后都应该进行退火处理，以消除应力过于集中。

退火是将刚加工完的玻璃制品的热界区，即应力集中部位，在高于玻璃的软化温度低于熔融温度的火焰中加热，并逐步降低火焰温度（离开高温区或减少供氧量），扩宽受热面积，缩小热界区两侧的温度差，使应力扩散，如果玻璃制品的熔融面积较大，火焰宽度不够时可采取移动的方式或倾斜的方式来进行退火处理。退火后的玻璃制品放在石棉板上，让其自然冷却即可。

（二）玻璃管（棒）的握持与旋转

在进行热爆、对接、拉丝、吹制、弯曲等操作时，要使玻璃管（棒）受热均匀，并且加工出精美的玻璃制品，就必须熟练掌握玻璃管（棒）的握持姿势和旋转技术，握持与旋转应以动作简单、方便操作为基本原则，旋转速度可根据玻璃管（棒）软化程度而定，玻璃管（棒）的握持与旋转分单手握持与旋转和双手配合握持与旋转。

1. 单手握持与旋转

单手握持与旋转主要用于玻璃管（棒）的端部熔融或封口。其方法如下：取玻璃管（棒）

一段，左手手心向下持玻璃管中部，使玻璃管（棒）两端质量相等，拇指向上，食指向下同时推动玻璃管（棒），并以其他手指为依托，使其为固定轴心，让玻璃管平稳、匀速旋转（不晃动为标准）。右手持玻璃管（棒）的方法与左手相反，手心向上，拇指向上，食指向下同时推动玻璃管（棒），中指与无名指分开作为支撑，使玻璃管（棒）平稳、匀速地旋转。

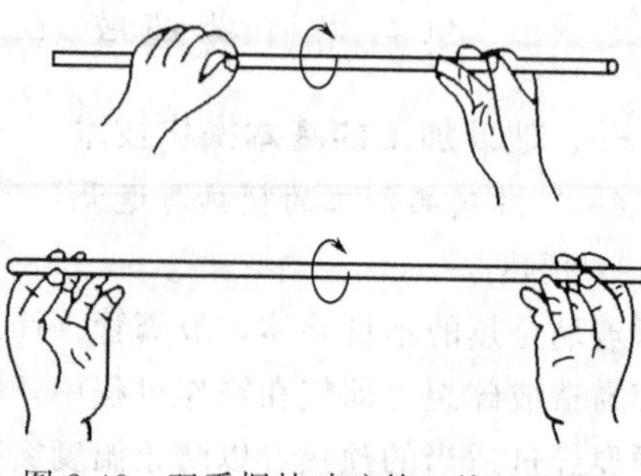

2. 双手配合握持与旋转

双手配合握持与旋转，主要应用于玻璃管（棒）中间部位的加热操作。通常是以左手手心向下，右手手心向上或两手手心都向上，操作时两手拇指向上，食指向下，其余手指为依托，同时推动玻璃管（棒）使之平稳旋转，如图 2-48 所示。

图 2-48　双手握持玻璃管（棒）的手法

双手配合均匀平稳而又同步转动玻璃管（棒）是玻璃加工技术的关键，在旋转过程中不可出现抖动或快慢不一致的现象，否则玻璃管（棒）易发生扭曲、折叠等现象，使加工失败。

（三）玻璃管（棒）的截断与熔光

1. 玻璃管（棒）的截断

玻璃管（棒）的截断有多种方法，一般可根据玻璃管（棒）的直径大小和截取的部位等来选择不同的截断方法，对于粗管（25mm 以上）、玻璃壁较厚或需要靠近管端部位截断的，可以采用火焰热爆法、烧玻璃球法、砂轮法等截断。

直径在 25mm 以下的玻璃管（棒），一般采用锉刀冷割法截断，先将玻璃管（棒）平放在实验台面上，左手扶住玻璃管（棒），用拇指或食指尖按住被截断部位的左侧，右手持锉刀，刀刃与玻璃管（棒）垂直成 90°的方向，然后用力向前或向后一拉，同时把玻璃管（棒）略微朝相反的方向转动，在玻璃管（棒）上刻划出一条清晰、细直的凹痕。注意不要来回拉锉，因为这样会损伤锉刀的锋棱，而且会使锉痕加粗。折断前先用水沾一下锉痕（降低玻璃强度，易断齐），然后双手握住玻璃管（棒），用两手的拇指抵住锉痕背面，轻轻用力拉折（外推、左右拉、七分拉、三分折），如图 2-49 所示。

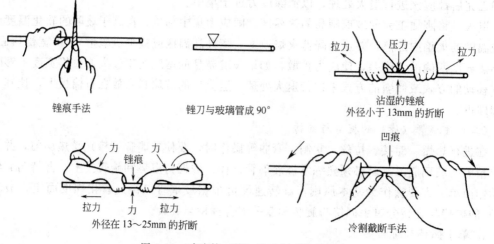

<table>
<tr><td>锉痕手法</td><td>锉刀与玻璃管成 90°</td><td>沾湿的锉痕
外径小于 13mm 的折断</td></tr>
<tr><td></td><td>外径在 13～25mm 的折断</td><td>冷割截断手法</td></tr>
</table>

图 2-49　玻璃管（棒）的冷割手法及折断

2. 玻璃管（棒）的熔光

玻璃管（棒）折断后其断面非常锋利，在加工或使用时很容易划破皮肤，损坏塞子和胶管，因此必须要在火焰上熔光，以消除玻璃断面的毛刺。熔光时将玻璃管（棒）断面斜插入氧化焰中熔烧，并不时转动，直到断面熔烧光滑为止，注意熔烧时间不要长，以防止口径热缩变形或玻璃管（棒）尖端直径增大。熔烧后的玻璃管（棒）放在石棉网上冷却，就可得到具有光滑断面的玻璃管（棒）。如图 2-50 所示。

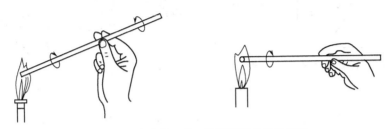

图 2-50　玻璃管（棒）断面熔光的两种手法

（四）控制和弯曲

1. 拉制

滴管、毛细管等是靠拉制技术制成的，其操作是用双手持玻璃管两端，把要拉细的部位经预热后插入火焰中，为扩大受热面积也可以倾斜插入，将玻璃管匀速旋转烧熔至发黄变软后移离火焰，沿着水平方向，向两边边拉边旋转（先慢拉后用力），拉至所需要的管径和长度。当玻璃完全硬化后方可松手，也可以在玻璃硬化前将玻璃管转成竖直方向，松开左手使玻璃管和拉细部分下垂片刻，然后放在石棉网上，这样制得的滴管才能与圆中心轴对称，如图 2-51 所示。

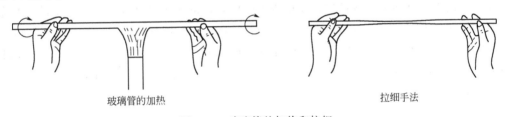

玻璃管的加热　　　　　　　　　　　拉细手法

图 2-51　玻璃管的加热和拉细

将拉制好的玻璃管冷却后，在拉细的中间部位截断，就得到两根一端有尖嘴的玻璃管，把尖嘴熔光，另一端斜插入火焰中熔烧后，立即垂直向下往石棉网上轻轻压下成卷边。也可用镊子尖斜按进旋转烧熔的玻璃管口内，即成喇叭口型，冷却后装上胶头制成滴管。拉制毛细管时，一般选用 10～12mm 直径的玻璃管，在拉制前把玻璃管内壁冲洗干净，晾干后按以上操作进行，拉制成直径为 1mm 长度为 150mm 的毛细管。

在拉制过程中，毛细管的细度与拉制速度有关，拉制速度快其毛细管就细，否则相反，因此在操作中可根据需要选择不同的拉制速度。

2. 弯曲

取一根玻璃管，双手持玻璃管两端，把要弯曲的部位先预热后放在火焰中旋转加热，加热的宽度应为玻璃管直径的 1.5～2 倍，为扩宽受热面积也可以把玻璃管的弯曲部位斜插入火焰中或在旋转的同时左右移动。当玻璃管开始变软时，移离火焰，立刻放在画有一定角度的石棉网上，将玻璃弯成所需要的角度，或者以"V"字形手法悬空弯制，为防止玻璃管弯瘪，也可以采用吹气法弯制，当玻璃管烧熔变软后，移离火焰，右手食指按紧右端管口或用棉花塞住右端管口，从左端管口吹气再以"V"字形手法悬空弯制成所需角度，如图 2-52 所示。

在画有角度的石棉网上弯制　　两手向上以"V"字形弯制　　吹气弯制

图 2-52　弯管手法

角度大于 120°的弯管可以一次弯成，90°或小于 90°的弯管可重复多次弯成。但在多次弯成操作时，每次玻璃管加热的部位应左右偏移少许，以免管壁收缩变瘪，但是偏移距离不要过大，否则就会增大弯管的弯曲率。一个合格的弯管不仅角度要符合要求，弯曲处也应是圆而不瘪且整个玻璃管侧面应处在同一个水平面上。

（五）安瓿球的吹制

安瓿球是定量分析中测定易挥发性液体的含量的专用称量器具。

在烧制安瓿球时，首先应根据所需安瓿瓶直径大小选择管径合适的玻璃管，再按照拉制滴管、毛细管的操作方法，将玻璃管拉制成毛细管——枣核形的半成品，拉出的毛细管长度约为 100mm，外径 1~2mm，然后从枣核体一端把毛细管折断，毛细管管口端熔光，冷却后，右手持镊子，左手拿住毛细管将枣核体的尖端插入火焰中熔烧封口，并且边烧边用镊子快速夹去毛细头，直到去掉枣核尖，并形成半圆形后，再旋转加热球部，切忌烧到毛细管部位，否则球部与毛细管会发生扭曲现象或毛细管被堵死。待球部烧熔后，移离火焰，由毛细管口缓缓吹气到要求尺寸，稍停片刻（防止球体收缩），待球体硬化后松开即可。安瓿球球壁不能太厚也不能太薄，一般为 0.1~0.2mm，以球内充满溶液后用玻璃棒轻轻敲击便碎为宜，如图 2-53 所示。

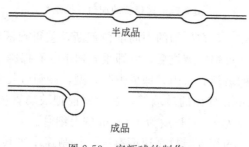

半成品

成品

图 2-53　安瓿球的制作

二、玻璃仪器的装配

（一）塞子

化学实验室常用的塞子有玻璃磨口塞、橡皮塞、塑料塞和软木塞等，它们主要用于封口、制备、蒸馏等仪器的连接。玻璃磨口塞能与带磨口的瓶子很好地密合，密封性好，但是不同瓶子的磨口塞不能任意调换，否则就不能很好地密合，使用时最好用绳子或橡皮筋系在瓶颈上，这种带有磨口塞的瓶子不适应装碱性物质及其溶液。橡皮塞可以把瓶子塞得很严密，并且可以耐强碱性物质的侵蚀，但它易被酸或某种有机物质（如汽油、苯、丙酮、二硫化碳等）所侵蚀。软木塞不易与有机物质作用，但易被酸碱所侵蚀。在实验室进行仪器装配时多用橡皮塞和软木塞。

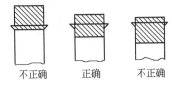

图 2-54　塞子的选择

1. 塞子的选择

任何一种塞子根据它们的直径大小，有着统一的编号规格，如 1、2、3、4……。"1"称为 1 号塞。使用非磨口仪器时，首先应该选择合适的塞子，一般塞子插入瓶颈部分应是塞子高度的 $\frac{1}{3}\sim\frac{2}{3}$。如图 2-54 所示。

2. 塞子的钻孔

实验室中常用的钻孔器一般有两种：一种是手摇式机械钻孔器，另一种是手动式普通钻孔器，它们的钻孔方法大致相同。在胶塞钻孔时，首先应根据胶塞欲插入的玻璃管直径选择合适的钻孔器，一般钻孔器的口径应比玻璃管外径稍大一些，钻孔前钻孔器刀刃处可先涂一层凡士林、甘油或肥皂水，可起到润滑作用，通常从塞子直径较小的一面开始，直到钻通为止，钻孔时把塞子大头平放在桌面上的一块木板上（防止把桌面钻坏），左手扶住塞子，右

图 2-55　钻孔方法

手握住钻孔器，按紧塞子上欲钻孔的位置，一面向同一方向匀速旋转钻孔器，一面稍用力垂直下压，使钻孔器始终与桌面保持垂直，如果发现二者不垂直，应及时加以检查纠正，胶塞钻孔应缓慢均匀，如果用力顶入，钻出的孔太细且不均匀。塞子钻通后，向钻孔时的反方向旋转拔出钻孔器，用铁条捅出钻孔里面的胶芯，若孔径略小或孔道不光滑，可以用圆锉修正。

软木塞钻孔与胶塞的钻孔方法基本相同。但在选择钻孔器时应该选用口径比欲插入的玻璃管外径稍小一些的钻孔器。

在一个塞子上要钻两个孔时，应更加小心仔细操作，务必使两个孔道笔直且互相平行，否则插入管子后，两根管子就会歪斜或交叉，致使塞子不能使用。另外钻孔器不是冲压工具，而是切割工具。必须使钻孔器的刀刃保持锋利。一般来说，钻孔器每使用几次后就必须手刮器或锉刀加以修整。钻孔方法如图 2-55 所示。

（二）一般仪器的连接与安装

一般仪器的安装是指塞子、玻璃管、胶管等仪器的连接安装，仪器安装是否正确，对于实验的成败有很大关系。首先应该选择合适的仪器和与其配套的胶塞、玻璃管、胶管等，将它们冲洗干净并晾干，然后进行连接与安装，一般仪器的连接与安装是依照装置图，按所用热源的高低，将仪器由下而上、从左到右，依次固定在铁架台上，用铁夹夹仪器时松紧应适度，通常以被夹住的仪器稍微能旋转最好。

在用塞子与玻璃管连接时，应该先用水或甘油润湿玻璃管的欲插入一端，然后一手持塞子，一手握住距塞子 2～3cm 处的玻璃管，慢慢旋转插入，绝不允许玻璃管以顶入的方式插入塞子中。握玻璃管的手与塞子距离不要过远，插入或拔出弯玻璃管时，手指不应捏在弯曲处，以防弯断扎伤。胶管连接也要把玻璃管端润湿后再旋转插入，如图 2-56 所示。

仪器连接安装完以后，首先要认真检查胶塞、胶管等连接部位的密封性及完好性，应使整套仪器装置做到横平竖直，紧密稳妥，以保证实验正常进行。

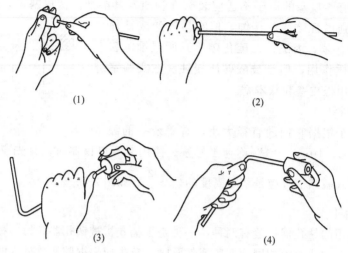

图 2-56 玻璃管与塞子的连接方法

(1)、(3) 正确；(2)、(4) 不正确

拆除仪器装置时应以安装时相反的顺序进行，拆除后的仪器用水刷洗干净，晾干，按类别妥善保管。

（三）磨口仪器的装配

磨口仪器的装配与一般仪器的连接安装程序基本相同，使用前先将仪器、器件清洗干净，晾干，按装置图依次固定。使用磨口仪器，在实验中可省去塞子、钻孔等多项操作，比普通玻璃仪器安装方便，密闭性好，并能防止实验中的污染现象。

标准磨口仪器的磨口，是采用国际通用 1/10 锥度，即磨口每长 10 个单位，小端直径比大端直径就缩小一个单位。由于磨口的标准化、通用化，凡属于相同号码的接口可任意互换使用，并能按需要组合成各类实验装置。不同编号的内、外磨口则不能直接相连，但可以借助不同编号的变径磨口插头而相互连接。

常用的标准磨口有 10、14、19、24、34 等多种。如"14"表示磨口的大端直径为 14mm。

使用磨口仪器连接安装应注意以下几点。

① 内外磨口必须保持清洁，不能带有灰尘和砂粒。磨口不能用去污粉擦洗，以免影响精密度。

② 一般使用时，磨口处不必涂润滑脂，以防磨口连接处因碱性腐蚀而粘连。用磨口仪器连接时，应直接插入或拔出，不能强顶旋转，以防止损伤磨口，拆卸困难。

③ 安装实验装置时，要求紧密、整齐、端正、美观。

④ 实验完毕后，立即拆卸、洗净、晾干，并分类保存，由于标准磨口仪器价格较贵，在使用和保管上一定要加倍小心仔细。

实验 2-2 玻璃管（棒）的加工和洗瓶的装配

一、目的要求

1. 了解煤气灯和酒精喷灯的构造，学会正确使用煤气灯和酒精喷灯；

2. 掌握"截"、"拉"、"吹"玻璃管（棒）和安瓿球的基本操作技术；

3. 掌握塞子钻孔及装配操作；

4. 按规格制作搅拌管（棒）、滴管和洗瓶等。

二、仪器用品

煤气灯或酒精喷灯；三角锉；镊子；钢板尺；钻孔器；瓷盘；石棉网；火柴；防护眼镜。煤气或工业酒精；橡皮塞；玻璃管材、玻璃棒材；塑料瓶等。

三、操作步骤

1. 玻璃管（棒）材料的截取

根据玻璃管（棒）的截断操作方法分别截取长 200mm 的玻璃管 4 根；400mm 的玻璃管 1 根；200mm 的玻璃棒 2 根。安瓿球的制作可用玻璃管废料或截取 150mm 以上的玻璃管来加工制得。

2. 煤气灯或酒精喷灯的准备

观察、识别喷灯的构造，检查各旋钮是否灵活完好，然后装好燃料，点燃，调节至正常火焰，并观察火焰的颜色。

3. 熔光

将截取的玻璃管（棒）的断面斜插入火焰中熔光，冷却并分类放置。

4. 玻璃弯管、玻璃棒的加工制作

按规格制作：直角弯管 2 个，洗瓶弯 1 个，玻璃棒 2 根。

5. 安瓿球的吹制

利用 15cm 以上的废玻璃管按规格制作安瓿球 2 个。

6. 滴管的制作

按规格制作滴管 2 支，如图 2-57 所示。

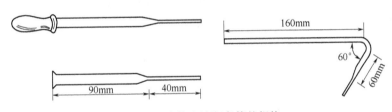

图 2-57 滴管和洗瓶弯管的规格

7. 洗瓶的装配

按规格装配洗瓶一个，如图 2-58 所示。

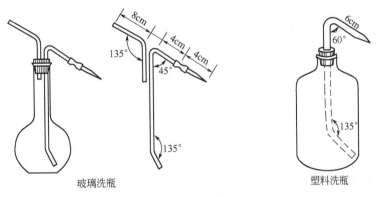

玻璃洗瓶　　　　塑料洗瓶

图 2-58 洗瓶

四、安全警示

① 进入玻璃工实验室应穿好工作服,不宜穿短衣短裤,更不能穿拖鞋。进行加工操作时应戴好防护眼镜。

② 玻璃工件不易识别冷热,热玻璃件应放在石棉网上,并注意冷热,要分开放置,以名发生烫伤事故。

③ 玻璃废料应随时丢入碎玻璃盘中,严禁随便乱扔。

④ 进行玻璃管(棒)切割折断时,若有一端较短就不能直接折断,应用抹布包住短端后进行折断。

⑤ 使用煤气灯时应事先进行煤气管道和阀门的试漏工作,以防漏气引起着火或中毒。在点燃煤气灯时应先擦燃火柴或打开电打火器于灯口等候,再开启燃气阀使其点燃,切不可先开气阀,后点燃。关闭灯后应让灯自然熄灭。

⑥ 玻璃工实验室内应有良好的通风设备和足够的灭火器材,以防发生意外。

实验 2-3　氯化氢的制取与喷泉试验

在实验室制备气体,必须根据所用原料及反应条件的实际情况,选择不同的反应装置和制气及收集流程。初中化学 O_2 的制备属于加热分解固体制气;液体与块状或大颗粒固体反应制气(常温,不用加热)常用启普发生器,如制 H_2、CO_2 等;反应制气需要加热制气,一般采用烧瓶、滴液漏斗等装置;HCl 制备就是这类制气的代表。

反应制得气体常夹带杂质、酸雾和水汽。当需纯度较高的气体时,所制气体还必须经过洗涤、干燥来净化。这时就需装配洗气瓶、干燥管(塔)等。

气体的收集,对于难溶于水且与水不发生反应的气体,如 H_2、O_2、N_2、NO、CO、C_2H_2、CH_4 等,均采用排水集气法收集。能溶于水或与水反应但不与空气反应的气体,如 NH_3、Cl_2、HCl、SO_2、SO_3、CO_2 等,通常采用排气集气法收集;密度比空气小的气体用向下排空气法;密度比空气大的气体,则采用向上排空气法如 HCl 收集就是一例,见图 2-59。

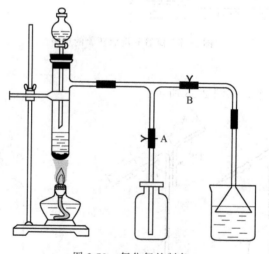

图 2-59　氯化氢的制备

一、目的要求

1. 巩固玻璃仪器的装配技能;

2. 认识和体会 HCl 的溶解性能和负压；

3. 掌握实验室气体的制取、收集及尾气处理。

二、实验原理

1. HCl 的制取

$$NaCl + H_2SO_4 \xrightarrow[\triangle]{微热} NaHSO_4 + HCl\uparrow$$

2. HCl 的溶解

HCl 易溶于水，20℃时 1 体积水可溶解 477 体积 HCl 气体，喷泉试验就是利用这个性质而设计的。HCl 在潮湿空气中产生白色酸雾，溶于水就是盐酸，使蓝色石蕊试液显红色。

三、仪器与药品

圆底烧瓶（250mL）、大的支管试管、酒精灯、滴液漏斗、烧杯、量筒、玻璃管、T 形管、弯导管、托盘天平、铁架台、铁夹、弹簧夹、石棉网、铁圈等。

食盐、80％左右的 H_2SO_4、紫色石蕊试液。

四、实验步骤

1. 装配集气的圆底烧瓶（250mL）。烧瓶必须事先干燥好，且塞子为双孔；其一装一支装有几滴水的滴管；其二装一带有橡胶管和弹簧夹的玻璃导管。参见喷泉试验图 2-60。

2. 用准备好的集气圆底烧瓶代替图 2-59 中的集气瓶，按图 2-59 装置好制气流程。

大的支管试管中放入已研磨细的食盐 8～10g。

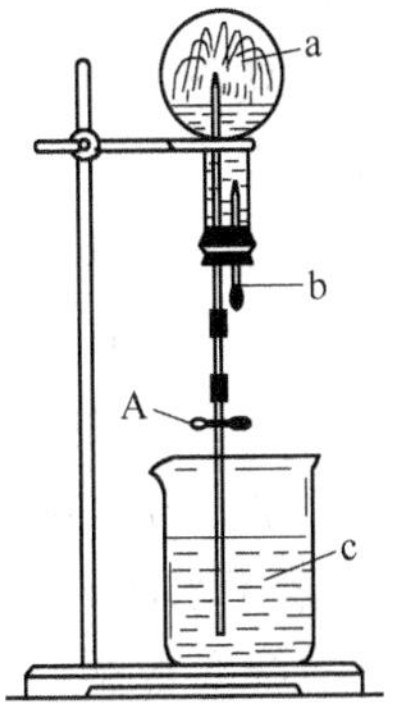

滴液漏斗中加入约 80％左右的浓 H_2SO_4 15mL 左右（若采用浓度更大的 H_2SO_4，容易产生过多的气泡，妨碍实验正常进行）。

图 2-60　喷泉试验

烧杯中加入半杯左右的含有蓝色石蕊试液的水，如图 2-60 中 c 所示。

3. 开始制 HCl，如图 2-59 所示，打开弹簧夹 A、夹紧弹簧夹 B；开启滴液漏斗的活塞，分批慢慢滴下 H_2SO_4 与 NaCl 反应。

待到产生的 HCl 不多时，再点燃酒精灯微微加热。

HCl 气体收集完毕，撤下酒精灯并熄灭。夹紧弹簧夹 A. 密封已收集的 HCl 气体；同时打开弹簧夹 B，使尾气进入烧杯与 NaOH 反应成盐的无害化处理。

迅速将已密封充满 HCl 气体的圆底烧瓶，如图 2-60 倒置于铁架台上。

4. 喷泉试验

按图 2-60 将装置连接好。挤压胶帽 b 将滴管中的水进入烧瓶 a 中；打开密封氯化氢气体的弹簧夹 A（即收集 HCl 时的弹簧夹 A）。

不一会，烧杯 c 中石蕊水溶液在大气压力下沿玻璃导管自动上升，从顶端夹口喷出，形成美丽的红色喷泉。

五、注意事项

1. 尾气吸收用小漏斗，既可保证尾气吸收，又能防止倒吸。

2. 收集 HCl 用来做喷泉试验，必须用干燥的圆底烧瓶，不能用平底烧瓶。HCl 溶于水产生负压有可能使平底烧瓶破裂而发生事故。

3. 制气系统不得漏气；HCl 收集必须收满，可打开尾气弹簧夹观察出口小漏斗口有"白雾"后，再继续收集 2～3min。

思 考 题

1. 制取 HCl 有哪些技术要点？
2. 可否用别的气体做喷泉试验？为什么？
3. 强调尾气处理有何意义？

第四节 溶解与搅拌技术

一、溶解

溶解是溶质在溶剂中分散形成溶液的过程。其中溶剂是液体的溶解过程最为重要。溶解过程是一个物理化学过程，既有溶质分子在溶剂分子间的扩散过程，又有溶质粒子（分子或离子）与溶剂分子结合的溶剂化过程，对于水为溶剂的又称水化过程。前者是需要能量的吸热过程，后者是释放热量的放热过程。所以溶解过程总是伴随着热效应——溶解热。有的情况更为复杂，如 HCl 气体溶于水还有电离过程；CO_2 溶于水还有化学反应和电离过程；$CuSO_4$ 溶于水会结晶生成 $CuSO_4 \cdot 5H_2O$ 也说明发生了水与 Cu^{2+} 配合生成配合物反应。

物质的溶解是一个笼统的概念，溶解量的多少用溶解度来具体表示。溶解度大小跟溶质和溶剂的性质有关，至今还没有找到一个普遍适用的规律，只是从大量实验事实中粗略地归纳出一个经验规律：相似相溶，即物质在同它结构相似的溶剂中较易溶解。极性化合物一般易溶于水、醇、酮、液氨等极性溶剂中，而在苯、四氯化碳等非极性溶剂中则溶解很少。$NaCl$ 溶于水而不溶于苯，但苯和水都溶于乙醇，而苯和水就互相溶解很少。

溶解度指在一定温度和压力下，物质在一定量溶剂中溶解的最高限量（即饱和溶液）。固体和液体溶质一般用每 100g 溶剂中所能溶解的最多质量（g）表示。难溶物质用 1L 溶剂中所能溶解的溶质的克数、摩尔数、物质的量浓度表示。气体溶解随压力增大而增大，溶解度一般用 1 体积溶剂里可溶解的气体标准体积表示。溶解吸热的，溶解度随温度升高而增大；溶解放热的，溶解度随温度升高而减小（不含溶解有化学反应的）。

固体溶解操作的一般步骤是：先用研钵将固体研细成为粉末，放入烧杯等容器中，再选择加入适当的溶剂（如水），加入的数量可根据固体的量及该温度下的溶解度进行计算或估算。然后可进行加热或搅拌，以加速溶解。

二、溶剂的选择

可根据溶解的目的选用适当溶剂。对于大多数情况下无机物多数选用水，有机物可选用有机溶剂。一些难溶的物质还可用酸、碱或混合溶剂。

（1）水 一般可作可溶性盐类，如硝酸盐、醋酸盐、铵盐、绝大部分碱金属化合物、大部分氯化物及硫酸盐等的溶剂。

（2）酸溶剂 利用酸性物质的酸性、氧化还原性或所形成配合物溶解钢铁、合金、部分金属的硫化物、氧化物、碳酸盐、磷酸盐等。经常使用的有盐酸、硝酸、硫酸、磷酸、高氯酸、氢氟酸、混合酸（如王水）等。

（3）碱溶剂 用 $NaOH$ 或 KOH 来溶解两性金属铝、锌及它们的合金或它们的氧化物、氢氧化物等。

对一些难溶于水的物质，实验室还常常先在高温下熔融，使其转化成可溶于水的物质后再溶解。如用 $K_2S_2O_7$ 与 TiO_2 熔融转化成可溶性的 $Ti(SO_4)_2$；用 K_2CO_3、Ka_2CO_3 等熔融长石（$Al_2O_3 \cdot 2SiO_2$）、重晶石（$BaSO_4$）、锡石（SnO_2）等。

三、搅拌器的种类和使用

搅拌方法除用于物质溶解外，也常用于物质加热、冷却、化学反应等场合，可使溶液的温度均匀。常用的几种搅拌器如下。

1. 用玻璃棒搅拌

搅拌液体时，应手持玻璃棒并转动手腕，用微力使玻璃棒在容器中部的液体中均匀转动，使溶质与溶剂充分混合并逐渐溶解，如图2-61用玻璃棒搅拌液体不能将玻璃棒沿器壁划动，不能将液体乱搅溅出，也不要用力过猛，以防碰破器壁。如图2-62。

用重玻璃棒在烧杯或烧瓶中搅拌溶液时，容易碰破器壁，可用两端封死的玻璃管代替，或在被搅拌溶液的性质允许的条件下，在玻璃棒的下端套上一段短的胶管。

图 2-61　搅拌溶解

2. 用电动搅拌器搅拌

快速或长时间的搅拌一般都使用电动搅拌器，如图2-63所示。它是由微型电动机、搅拌

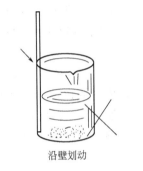
沿壁划动

乱搅溅出

击壁而破

图 2-62　错误操作

器扎头、大烧瓶夹、底座、十字双凹夹、转速调节器和支柱组成。所用的搅拌叶由玻璃棒或金属加工而成。搅拌叶有各种不同形状，如图2-64所示，供在搅拌不同物料或在不同容器中进行时选择。

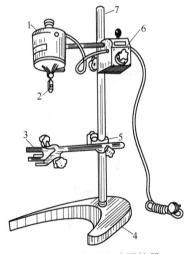

图 2-63　小型电动搅拌器
1—微型电动机；2—搅拌器扎头；
3—大烧瓶夹；4—底座；5—十字
双凹夹；6—转速调节器；
7—支柱

搅拌叶与搅拌扎头连接时，先在扎头中插入一段3～4cm长的玻璃棒或金属棒，然后再用合适的胶管与搅拌叶相连，如图2-65所示。

为了控制和调节搅拌速度，搅拌器的电源由调压变压器提供。通过调节电压来控制搅拌速度。

使用电动搅拌器应注意如下事项。

① 搅拌烧瓶中的物料时，需要在瓶中装一个能插进长3～5cm玻璃管的胶塞。搅拌叶穿过玻璃孔与扎头相连。搅拌烧杯中的物料时，插玻璃管的胶塞夹在大烧瓶夹上，使搅拌稳定。

② 搅拌叶要装正，装结实，不应与容器壁接触。启动前，用手转动搅拌叶，观察是否符合安装要求。

③ 使用时，慢速启动，然后再调至正常转速。搅拌速度不要太快，以免液体飞溅。停用时，也应逐步减速。

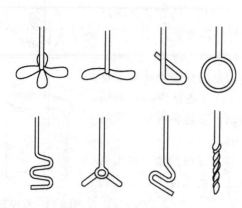

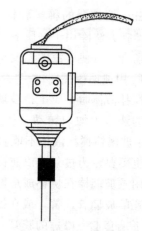

图 2-64　常用的几种搅拌叶　　　　　　　　　图 2-65　搅拌叶的连接

④ 电动搅拌器运转中，实验人员不得远离，以防电压不稳或其他原因造成仪器损坏。

⑤ 不能超负荷运转。搅拌器长时间转动会使电机发热，一般电机工作温度不能超过 50～60℃（烫手感觉）。必要时可停歇一段时间再用或用电风扇吹以达到良好散热。

3. 电磁搅拌（磁力搅拌器）

当液体或溶液体积小、黏度低时，用电磁搅拌最为方便，特别适宜于在滴定分析中代替手摇振锥形瓶。在盛有液体的容器内放入密封在玻璃或合成树脂内的强磁性铁片作为转子。通电后，底座中电动机使磁铁转动，这个转动磁场使转子跟着转动，从而完成搅拌作用，如图 2-66 所示。有的电磁搅拌器内部还装有加热装置，这种磁力加热搅拌器，既可加热又能搅拌，使用方便，如图 2-67 所示。加热温度可达 80℃，磁子有大、中、小三种规格，可根据器皿大小、溶液多少选择。

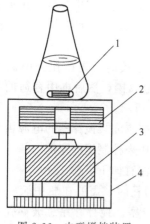

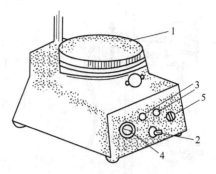

图 2-66　电磁搅拌装置　　　　　　　　　　图 2-67　磁力加热搅拌器
1—转子；2—磁铁；3—电动机；　　　　　　1—磁场盘；2—电源开关；3—指示灯；
4—外壳　　　　　　　　　　　　　　　　　4—调速旋钮；5—加热调节旋钮

使用电磁搅拌应注意如下事项。

① 电磁搅拌器工作时必须接地。

② 转子要轻轻地沿器壁放入。

③ 搅拌时缓慢调节调速旋钮，速度过快会使转子脱离磁铁的吸引。如转子不停跳动时，

应迅速将旋钮旋到停位，待转子停止跳动后再逐步加速。

④ 先取出转子再倒出溶液，即时洗净转子。

第五节 密度计简介

某物质单位体积的质量叫做这种物质的密度。测量物质密度的方法有多种，使用的测量仪器也各不相同，本节重点介绍用玻璃密度计测定液体密度的方法。

玻璃密度计是用来测定液体密度的通用仪器，玻璃密度计在溶液中垂直自由漂浮，由浸没于液体中的深度来直接测量出溶液的密度或溶液的浓度。

玻璃密度计是一支中空的浮柱，上部有标线，下部重锤内装有铅粒。可看成由躯体、压载物、干管三部分组成，如图 2-68 所示。

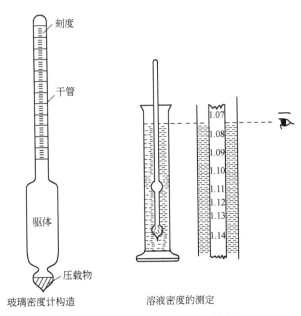

图 2-68 密度计的构造及密度的测定

（1）躯体 为密度计主体部分，是底部为圆锥形或半球形的圆柱体。

（2）压载物 为调节密度计质量及其垂直稳定漂浮而装在躯体底部的铅粒。

（3）干管 熔接在躯体上部，顶端密封的细长圆管体。

固定在干管内有一组指示不同量程的刻度标线，即密度计刻度，此刻度值自上而下增大，一般可读到小数点后第三位小数。有的密度计标有两行刻度，一行是相对密度，ρ 是一行是波美度°Bé，二者可相互换算，也可从相应的换算表中查出。

玻璃密度计的使用注意事项如下。

① 待测溶液应有足够的深度。

② 测量时待密度计漂浮平稳后再将手松开，以免碰壁损坏。

③ 应注意被测液体的温度，不同的温度其溶液的密度不同，通常所说的密度值是液体在20℃时的测定值。

④ 密度计分轻计（又称轻表＜1.000）、重计（又称重表＞1.000）两种，一般都是成套的，通常每套由7～14只组成。每只密度计只能测定一定范围的溶液密度，使用前应根据溶液密度的估计值选择合适量程的密度计。

⑤ 密度计不能甩动，用后洗净擦干放好。

实验 2-4　溶液配制

一、目的要求

1. 掌握固体、液体的取用方法；
2. 掌握托盘天平、量筒（杯）的正确使用；
3. 初步掌握溶解和搅拌的基本操作技术，并学会正确使用密度计；
4. 掌握 NaCl 饱和溶液、1+1 H_2SO_4 溶液、0.1mol·L^{-1} HCl 溶液的配制方法。

二、仪器与药品

玻璃密度计、托盘天平、量筒（10mL，50mL，250mL）、试剂瓶（500mL）、烧杯（250mL）、玻璃棒。

固体 NaCl、乙醇、浓 H_2SO_4、浓 HCl。

三、实验步骤

1. 浓硫酸和乙醇密度的测定

取 250mL 量筒，注入浓硫酸溶液，左手扶住量筒底座，用右手的拇指和食指拿住密度计上端，慢慢插入硫酸溶液中，试探至密度计完全漂浮稳定后，将手松开，然后从液体凹面处的水平方向读出密度计上的数据，即浓硫酸的密度值。查表也可知道浓硫酸浓度。

另取一个 250mL 量筒，注入乙醇，按同样操作方法测定其密度值。

2. 溶液的配制

① NaCl 饱和溶液的配制

用托盘天平称取固体 NaCl 36g，置于 250mL 的洁净烧杯中，用量筒量取并加入蒸馏水 100mL，加热并用玻璃棒不断搅拌，使固体 NaCl 全部溶解后，冷却至室温，倒入试剂瓶中保存。

② 1+1 H_2SO_4 溶液的配制

先将盛有 40mL 蒸馏水的烧杯放在冷水浴中，用较干燥的量筒量取浓 H_2SO_4 50mL，沿玻璃棒慢慢倒入盛有 40mL 蒸馏水的烧杯中，并不时用玻璃棒搅拌，如果烧杯中溶液的温度过高，浓 H_2SO_4 可间断加入，待浓 H_2SO_4 加完后，再用 10mL 蒸馏水涮洗量筒两次，涮洗液并入烧杯中，搅匀、冷却至室温，倒入试剂瓶中保存。

③ 0.1mol·L^{-1} HCl 溶液的配制

计算配制 0.1mol·L^{-1} HCl 溶液 500mL，需量取浓 HCl 溶液的体积（浓 HCl 按 12 mol·L^{-1} 计算）。

根据计算结果，用小量筒量取浓 HCl 体积，倒入盛有 400mL 蒸馏水的试剂瓶中，再用适量的蒸馏水涮洗小量筒 2～3 次，涮洗液也并入试剂瓶中，然后用蒸馏水稀至溶液体积为 500mL，盖好瓶塞，摇匀备用。

思　考　题

1. 使用玻璃密度计时，应注意哪些问题？
2. 配制 H_2SO_4 溶液时，能否将蒸馏水倒入浓 H_2SO_4 中？试说明原因。
3. 根据测得浓 H_2SO_4 的密度值，计算出浓 H_2SO_4 的物质的量浓度。

第六节　蒸发和结晶技术

一、溶液蒸发

含不挥发溶质的溶液，其溶剂在液体表面发生的汽化现象叫蒸发。从现象上看，就是用加热方法使溶液中一部分溶剂汽化，从而提高溶液浓度或析出固体溶质的过程。溶液的表面积大、温度高、溶剂的蒸气压力大，则越易蒸发。所以蒸发通常都在敞口容器中进行。

加热方式根据溶质对热的稳定性和溶剂的性质来选择。对热稳定的水溶液可直接用明火加热蒸发；易分解或可燃的溶质及溶剂，要在水浴上加热蒸发或让其在室温下蒸发。

在实验室中，水溶液的蒸发浓缩通常在蒸发皿中进行。它的表面积大、蒸发速度快。蒸发液体量不得超过蒸发皿容积的 2/3，以防液体溅出。液体过多，一次容纳不下，可随水分的不断蒸发而不断续加，或改用大烧杯来完成。溶液很稀时，可先放在石棉网或泥三角上直接用明火或电炉蒸发（溶液沸腾后改用小火），然后再放在水（蒸气）浴上蒸发。

蒸发有机溶剂常在锥形瓶或烧杯中进行。视溶剂的沸点、易燃性选用合适的热浴加热，最常用的是水浴。有机溶剂蒸发浓缩要在通风橱中进行，并要加入沸石等，防止暴沸。大量有机液体蒸发应考虑使用蒸馏方法。

在蒸发液体表面缓缓地导入空气流或其他惰性气流，除去与溶液平衡的蒸气，可加快蒸发速度。也可用水泵或真空泵抽吸液体表面蒸气，进行减压蒸发，既能降低蒸发温度又能达到快速蒸发的目的。

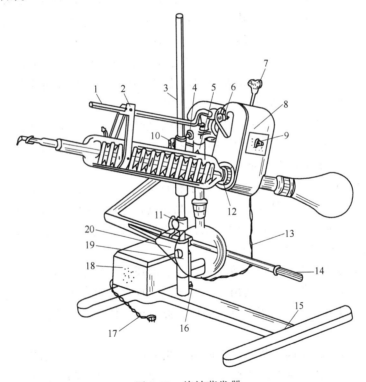

图 2-69　旋转蒸发器

1—夹子杆；2—夹子；3—座杆；4—转动部分固定旋钮；5—连接支架；6—夹子杆调正旋钮；
7—转动部分角度调节旋钮；8—转动部分；9—调速旋钮；10—水平旋转旋钮；11—升降固定套；
12—联轴节螺母；13—转动部分电源线；14—升降调节手柄；15—底座；16—座杆固定旋钮；
17—电源线；18—变压器罩壳；19—手柄水平旋转旋钮；20—升降杠杆座

蒸发程度取决于溶质的溶解度及结晶对浓度的要求。当溶质的溶解度较大时，应蒸发至溶液表面出现晶膜；若溶解度较小或随温度的变化较大时，则蒸发到一定程度即可停止。如希望得到较大晶体，则不宜蒸发到浓度过大。强碱的蒸发浓缩不宜用陶瓷、玻璃等制品，应选用耐碱的容器。

用旋转蒸发器（又叫薄膜蒸发器）进行蒸发浓缩方便、快速，其构造如图 2-69 所示。烧瓶在减压下一边旋转，一边受热。由于溶液的蒸发过程主要在烧瓶内壁的液膜上进行，因而大大增加了溶剂蒸发面积，提高了蒸发效率。又因为溶液不断旋转，不会产生暴沸现象，不必装沸石或毛细管。使得在实验室中进行浓缩、干燥、回收溶剂等操作极为简单。

二、结晶

物质从液态或气态形成晶体的过程叫结晶。结晶的条件从溶解度曲线上（见图 2-70）分析可知，溶解度曲线上任何一点（如 A）都表示溶质（固相）与溶液（液相）处于平衡状态，这时溶液是饱和溶液。曲线下方区域为不饱和溶液，曲线上方区域为过饱和溶液。如 A_0 代表的不饱和溶液恒温（t_1）蒸发溶剂，溶液的浓度变大，成为 A_1 所表示的不稳定的过饱和状态，即可自发析出晶体使溶液速度变成 A_0 点所示的溶液。

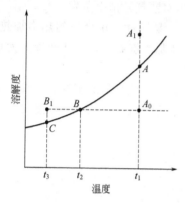

图 2-70　溶解度曲线

A_0 所示的溶液从 t_1 降低温度至 t_2，因溶解度减小，使溶液成为饱和溶液，如 B 点所示，再降温至 t_3，溶液成为 B_1 所示的不稳定过饱和状态，自发析出晶体使溶液浓度成为 C 所示的饱和状态。

以上就是结晶的两种方法，一种是恒温或加热蒸发，减少溶剂，使溶液达到过饱和而析出结晶。一般适用于溶解度随温度变化不大的物质如 NaCl、KCl 等结晶。另一种是通过降低温度使溶液达到过饱和而析出晶体，这种方法主要用于溶解度随温度下降而显著减小的物质，如 KNO_3、$NaNO_3$ 等。如果溶液中同时含有几种物质，原则上可利用不同物质溶解度的差异，通过分步结晶将其分离，NaCl 和 KNO_3 混合物分离就是一例。

从溶液中析出晶体的纯度与结晶颗粒大小有直接关系。结晶生长快速，晶体中不易裹入母液或其他杂质，有利于提高结晶的纯度。大晶体慢速生成，则不利于纯度提高。但是，颗粒过细或参差不齐的晶体能形成稠厚的糊状物，不易过滤和洗涤，也会影响产品纯度。因此通常要求结晶颗粒大小要适宜和均匀。

结晶颗粒大小与结晶条件有关。溶液浓度高、溶质溶解度小、冷却速度快、某些诱导因素（如搅拌、投放晶体）等，容易析出细小的结晶，反之可得较大的晶体。有时，某些物质溶液已达到一定的过饱和程度，仍不析出晶体，此时可用搅拌、摩擦器壁、投入"晶种"等方法促使结晶。

为了得到纯度较高的结晶，将第一次所得的粗晶体，重新加溶剂加热溶解后再结晶，这就是重结晶。重结晶是固体纯制的重要技巧之一，为了得到纯粹的预期产品，一般重结晶的原料物中的杂质含量不得高于 5%，溶解粗晶体的溶剂量一般是先加入计算量加热至沸，再添加已加入量的 20% 左右。

对有机化合物来说，冷却温度与结晶速度有一个经验规律：体系温度大约比待结晶物质的熔点低 100℃时，晶核形成最多；体系温度低于待结晶物质的熔点 50℃时，结晶速度最快。

第七节　过滤与洗涤技术

一、过滤与过滤方法

过滤是分离沉淀物和溶液最常用的操作。当溶液和沉淀的混合物通过滤器（如滤纸）时，沉淀物留在滤器上，溶液则通过滤器，所得溶液称为滤液。

溶液过滤速度与溶液温度、黏度、过滤时的压力以及滤器孔隙大小、沉淀物的性质有关。一般来说热溶液比冷溶液易过滤，溶液黏度愈大过滤愈难。抽滤或减压比常压过滤快。滤器的孔隙愈大过滤愈快。沉淀的颗粒细小容易通过滤器，但滤器孔隙过小，易在滤器表面形成一层密实滤层，堵塞孔隙使过滤难以进行。胶状沉淀的颗粒很小，能够穿过滤器，一般都要设法事先破坏胶体的生成。在进行过滤时必须考虑到上述因素。

滤纸是实验室中最常用的滤器，它有各种规格和类型。国产滤纸从用途上分定性滤纸和定量滤纸。定量滤纸已经用盐酸、氢氟酸、蒸馏水洗涤处理过，它的灰分很少，故又称无灰滤纸，用于精密的定量分析中。定性滤纸的灰分较多，只能用于定性分析和分离之用。滤纸按孔隙大小分为"快速"、"中速"、"慢速"三种，按直径大小又有 7cm、9cm、11cm 等几种。常用国产滤纸按国家标准 GB 1514 和 GB 1515 规定的部分技术指标列于表 2-4 中。

表 2-4　国产滤纸的规格

项　　目	定　性　滤　纸			定　量　滤　纸		
	快　速	中　速	慢　速	快　速	中　速	慢　速
代号	101	102	103	201	202	203
纸质量/g·m⁻²	80±4	80±4	80±4	80±4	80±4	80±4
过滤速度/s　≤	30	60	120	30	60	120
灰分质量分数/%　≤	0.15	0.15	0.15	0.01	0.01	0.01
水溶性氯化物/%　≤	0.02	0.02	0.02			
铁质量分数(Fe^{3+})/%　≤	0.003	0.003	0.003			
适应过滤沉淀物举例	氢氧化铁	硫酸锌	硫酸钡	胶状沉淀物	一般结晶形沉淀	较细结晶形沉淀
标志(盒外纸条)	白色	蓝色	红色	白色	蓝色	红色
圆形纸直径/mm	50,70,90,110,125,150,180,230 等			55,70,90,125,180 等		
方形纸尺寸/mm	600×600 300×300					

注：过滤速度指于 20℃ 以 1333.224Pa（10mmHg）压力过滤 100mL 去离子水所需的时间。

（一）固液分离方法

固液分离运用十分广泛，在化工生产中占有重要地位。实验室中固液分离有三种方法。

1. 倾泻法分离沉淀

当沉淀的颗粒或密度大，静置后能沉降至容器底时，可以利用倾泻方法将沉淀与溶液进行快速分离。具体说就是先将溶液与沉淀的混合物静置，不要搅动，使沉淀沉降完全后，将沉淀上层的清液小心地沿玻璃棒倾出，而让沉淀留在容器内。如图 2-71 所示。

图 2-71　倾泻法
分离沉淀

2. 离心分离沉淀

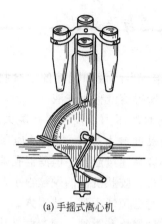

(a) 手摇式离心机　　　　(b) 电动离心机

图 2-72　离心机

在离心试管中进行反应时，生成的沉淀量很少，用离心分离方法最为方便。离心分离使用离心机。如图 2-72。其中（a）是手摇式离心机，现在已很少使用，但却能清晰地看出它的结构。（b）是电动离心机。使用时，把盛有混合物的离心管（或小试管）放入离心机的套管内，对面放一支同样大小的试管，试管内装有与混合物等体积的水，以保持平衡。然后慢慢启动离心机，逐渐加速。离心时间根据沉淀性状而定，结晶形沉淀大约用 1000r/min，离心时间 1～2min；无定形沉淀约为 2000r/min，离心时间 3～4min。

由于离心作用，沉淀紧密地聚集于离心试管的尖端，上面的溶液是澄清的，可用滴管小心地吸出上方清液，如图 2-73。也可将其倾出。如果沉淀需要洗涤可加入少量洗涤剂，用玻璃棒充分搅动，再进行离心分离，如此反复操作两、三遍即可。

图 2-73　用滴管吸取上层清液

使用离心机必须注意如下事项。

① 为了防止旋转中碰破离心试管，离心机的套管底部应垫棉花或海绵。

② 保持旋转中对称和平衡。

③ 启动要慢，关闭离心机电源开关，使离心机自然停止。在任何情况下，不得用外力强制停止。

④ 电动离心机转速很高，应注意安全。

安全警示：使用离心机确保载重对称平衡至关重要，否则很容易发生事故。

3. 过滤

（二）过滤方法

过滤一般分为常压过滤、减压过滤和热过滤。

1. 常压过滤

实验室常压过滤使用玻璃漏斗。图 2-74 所示为标准的长颈漏斗。过滤前选取一张滤纸对折两次（如滤纸是正方形的，此时将它剪成扇形），拨开一层即成内角为 60°的圆锥体（与漏斗吻合），并在三层一边撕去一个小角，使其与漏斗紧密贴合，如图 2-75 所示。放入漏斗的滤纸的边缘应低于漏斗边沿 0.3～0.5cm。然后左手拿漏斗并用食指按住滤纸，右手拿塑料洗瓶，挤出少量蒸馏水将滤纸润湿，并用洁净的手指轻压，挤尽漏斗与滤纸间的气泡，以使过滤通畅。

将贴好滤纸的漏斗放在漏斗架上，并使漏斗颈下部尖端紧靠于接收容器的内壁，即可用倾泻法过滤，如图 2-76 所示。过滤时，将静置沉降完全的上层清液沿玻璃棒倾入漏斗中，液面应低于滤纸边缘 1cm。待溶液滤至接近完成再将沉淀转移到滤纸上过滤。这样就不会因沉淀物堵塞滤纸孔隙而减慢过滤速度。沉淀转移完毕，从洗瓶中挤出少量蒸馏水，淋洗盛放沉淀的容器和玻璃棒，洗涤液全部转入漏斗中。图 2-77 列出了一些常见的错误操作。

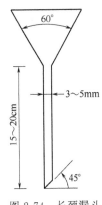

图 2-74　长颈漏斗

滤纸的选择使用：在称量分析中选用定量滤纸，一般固液分离用定性滤纸。根据沉淀的性质选择滤纸类型，如 $Fe_2O_3 \cdot nH_2O$ 为胶状沉淀需选用"快速"滤纸；$MgNH_4PO_4$ 为粗晶形沉淀，选用"中速"滤纸；$BaSO_4$ 为细晶形沉淀，选用"慢速"滤纸。在大小的选择上，对于圆形滤纸，选取半径比漏斗边高度小 0.5～1cm 的恰好合适；对于方形滤纸，应取边长比漏斗边高度的二倍小 1～2cm 的合适。一般要求沉淀的总体积不得超过滤纸锥体高度的 1/3。技术要点可归纳为"一贴紧、二低、三漏斗颈靠烧杯内壁"。

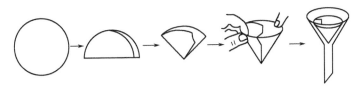

图 2-75　滤纸的折叠与装入漏斗

2. 减压过滤

减压过滤是抽走过滤介质上面的气体，形成负压，借大气压力来加快过滤速度的一种方

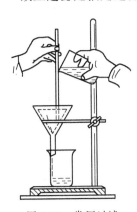

图 2-76　常压过滤

法。减压过滤装置由布氏漏斗、吸滤瓶、安全缓冲瓶、真空抽气泵（或抽水泵）组成。如图 2-78 所示。布氏（Büchner）漏斗是中间具有许多小孔的瓷质滤器。漏斗颈上配装与吸滤瓶口径相匹配的橡皮塞子，塞子塞入吸滤瓶的部分一般不得超过 1/2。吸滤瓶是上部带有支管的锥形瓶，能承受一定压力，可用来接收滤液。吸滤瓶的支管用橡皮管与安全瓶短管相连。安全瓶用来防止出现压力差使自来水倒吸进吸滤瓶，使滤液受到污染。如果滤液不回收，也可不用安全瓶。减压系统就是真空抽气泵，最常用的是水泵，又叫水冲泵，有玻璃或金属制品两种。如图 2-79。泵内有一窄口，当水流急剧流经窄口时，水将被胶管连接的吸滤瓶中的空气带走，使吸滤瓶内的压力减小。

减压过滤的操作是将滤纸剪得比布氏漏斗直径略小，但又能把全部瓷孔都盖住。把滤纸平放入漏斗，用少量蒸馏水或所用溶剂润湿滤纸，微开水龙头，关闭安全瓶活塞，滤纸便紧吸在漏斗上。同样可用倾泻法将滤液和沉淀转移到漏斗内，开大水龙头进行抽滤，注意沉淀和溶液加入量不得超过漏斗总容量的 2/3。一直抽至滤饼比较干燥为止。必要时可用镍匙或干净的瓶塞、玻璃钉等紧压沉淀，尽可能除去溶剂。过滤完毕，先打开安全瓶活塞，再关水龙头。

减压过滤装置如不用水泵，直接与真空水阀连接，更为方便。在某些实验中，要求有较

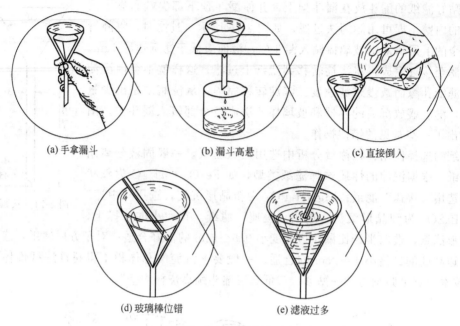

(a)手拿漏斗　　(b)漏斗高悬　　(c)直接倒入

(d)玻璃棒位错　　(e)滤液过多

图 2-77　错误操作

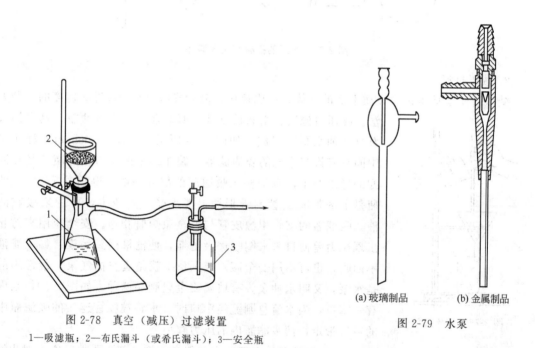

图 2-78　真空（减压）过滤装置

1—吸滤瓶；2—布氏漏斗（或希氏漏斗）；3—安全瓶

(a)玻璃制品　　(b)金属制品

图 2-79　水泵

高的真空度，通常用真空泵来抽取气体，使装置减压或成真空状态。真空泵的种类很多，实验室多用比较简单的机械真空泵，它是旋片式油泵，如图 2-80 所示。整个机件浸没在饱和蒸气压很低的真空泵油中，起封闭和润滑作用。

真空泵使用应注意如下事项。

① 开始抽气时，要继续启动电机，观察转动方向是否正确，在明确无误时才能正式连续运转。

② 泵正常工作温度须在 75℃ 以下，超过 75℃ 要采取降温措施，如用风扇吹风。

③ 运转中应注意有无噪声。正常情况下，应有轻微的阀片起闭声。

④ 停泵时，应先将泵与真空系统断开，打开进气活塞，然后停机。

⑤ 使用真空泵的过程中，操作人员不能离开。如泵突然停止工作或突然停电，要迅速将真空系统封闭并打开进气活塞。

⑥ 机械泵不能用于抽有腐蚀性、对泵油起化学反应或含有颗粒尘埃的气体。也不能直接抽含有可凝性蒸气（如水蒸气）的气体，若要抽出这些气体，要在泵进口前安装吸收瓶。

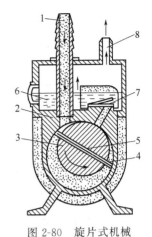

图 2-80 旋片式机械真空泵结构示意图

1—进气管；2—泵体；3—转子；4—旋片；5—弹簧；6—真空油；7—排气阀门；8—排气管

减压过滤速度较快，沉淀抽吸得比较干，但不宜用于过滤胶状沉淀或颗粒很细的沉淀。具有强氧化性、强酸性、强碱性溶液的过滤，会与滤纸作用而破坏滤纸，因此常用石棉纤维、玻璃布、的确良布等代替。对于非强碱性溶液也可用玻璃坩埚或砂芯漏斗过滤。玻璃坩埚（又称砂芯坩埚）和砂芯漏斗的滤片都是用玻璃砂在 600℃ 左右烧结成的多孔玻璃片。如图 2-81。根据孔径大小有不同规格。

3. 热过滤

当需要除去热浓溶液中的不溶性杂质，而在过滤时又不致析出溶质晶体时，常采用热过滤法。这种情况一般选用短颈或无颈漏斗，先将漏斗放在热水、热溶剂或烘箱中预热后，再放在漏斗架上进行过滤。为了达到最大的过滤速度常采用褶纹滤纸，折叠方法如图 2-82 所示。

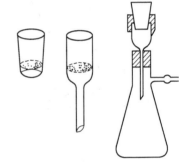

图 2-81 砂芯坩埚、砂芯漏斗和吸滤瓶

如果过滤的溶液量较多，或溶质的溶解度对温度极为敏感易析出结晶时，可用保温（热滤）漏斗过滤，其装置如图 2-83 所示，它是把玻璃漏斗放在金属制成的外套中，底部用橡皮塞连接并密封，也有用钢制的夹套热漏斗。使用时夹套内充水约 2/3。水太多，加热后可能溢出。

二、洗涤

晶体或沉淀过滤后，为了除去固体颗粒表面的母液和杂质就必须洗涤。

洗涤一般是结晶和沉淀的后续操作，颗粒大或密度大的沉淀或结晶容易沉降，一般用倾泻法洗涤。具体做法是将沉降好的沉淀和溶液用倾泻法将溶液倾入过滤器之后，向沉淀上加入少量洗涤液（一般是蒸馏水），用玻璃棒充分搅拌，然后静置，待沉降完全后，将清液用倾泻法倾出（视需要或倾入过滤器中，或弃之），沉淀仍留在烧杯内，重复以上操作 3～4 次，即可将沉淀洗净。

有时也直接在过滤漏斗中洗涤。当用玻璃漏斗过滤时，从滤纸边缘稍下部位开始，作螺旋形向下移动，用洗涤液将附着在滤纸上的沉淀冲洗下来集中在滤纸的锥体低部，反复多次直至将沉淀洗净，如图 2-84。

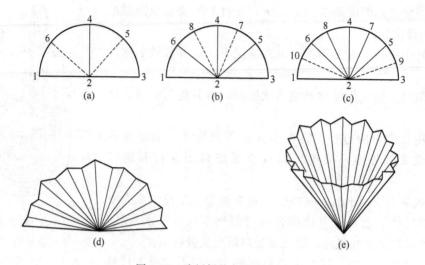

图 2-82　滤纸折叠方法示意图

从（a）折到（c）将已折成半圆形的滤纸分成八个等份，再如（d）将每份的中线处来回
对折（注意折痕不要集中在顶端的一个点上），展开成（e）的形状

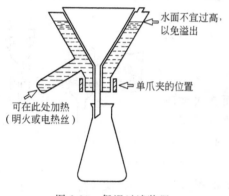

图 2-83　保温过滤装置

图 2-84　沉淀的洗涤

如果是用布氏漏斗减压过滤所得的沉淀需要洗去杂质时，首先打开安全瓶活塞，加入洗涤液使沉淀润湿。片刻后，微关安全瓶活塞，缓慢抽吸，让洗涤液慢慢透过全部沉淀。最后关闭活塞，抽吸干燥。如此反复多次，直至达到要求为止。

洗涤时对于水中溶解度大或易于水解的沉淀，不宜用水而应用与沉淀具有同离子的溶液洗涤，这样可以减少沉淀的损失。在非水的操作中，要根据实际情况选择恰当的洗涤液。

沉淀洗涤所使用洗涤剂的量应本着少量多次的原则。洗涤次数要视要求和沉淀性质而定，在进行定量分析时，有时需要洗十几遍。洗涤是否达到要求，可通过检查滤液中有无杂质离子为依据。

第八节　目视比色法简介

目视比色法广泛用于产品中微量杂质的限量分析。一些有色物质溶液的颜色深浅与浓度成正比关系，用眼睛观察，比较溶液颜色的深浅来确定物质含量的方法叫做目视比色法。这种方法所用的仪器是一套以同样的材料制成的直径、大小、玻璃厚度都相同并带有磨口塞的平底比色管，管壁有环线刻度以指示容量。比色管的容量有 10mL、25mL、

50mL、100mL 数种，使用时要选择一套规格相同的比色管，并放在特制的比色管架上，如图 2-85 所示。

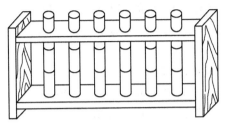

图 2-85　比色管及比色管架

目视比色法中最常用的是标准系列法（色阶法），它是将被测物质溶液和已知浓度的标准物质溶液在相同条件下显色，当液层的厚度相等、颜色深度相同时，二者的浓度就相等。其操作方法是：首先配制标准色阶，取一套相同规格的比色管，编上序号，将已知浓度的标准溶液，以不同的体积依次加入比色管中，分别加入等量的显色剂及其他辅助剂（有时为消除干扰而加），然后稀释至同一刻度线，摇匀，即形成标准色阶。比色时，将试样按同样的方法处理后与标准色阶比较，若试样与某一标准溶液的颜色深度一样，则它们的浓度必定相等。如果被测试样溶液的颜色深度介于两相邻标准溶液颜色之间，则未知液浓度可取两标准溶液浓度的平均值。

比较颜色的方法为：①眼睛沿比色管中线垂直向下注视；②有的比色管架下有一镜条，将镜条旋转 45°，从镜面上观察比色管底端的颜色深度。

目视比色法具有如下优点。

① 仪器简单，操作方便，适宜于大批样品的分析和生产中的中控分析。

② 比色管很长，从上往下看，颜色很浅的溶液也易于观察，灵敏度较高。

③ 此法以白光为光源，不需要单色光，不要求有色溶液严格符合朗伯-比耳定律。因而可广泛应用于准确度要求不高的常规分析中。

但目视比色法也具有如下缺点：

① 因为人的眼睛对不同颜色及其深度的辨别能力不同，会产生较大的主观误差。

② 许多有色溶液不稳定，标准色阶不能久存，常常需要定期配制，因此，此法比较麻烦。

使用目视比色法的注意事项如下。

① 比色管不宜用硬毛刷和去污粉刷洗，若内壁粘有油污，可用肥皂水、洗衣粉水或铬酸洗液浸泡，再用自来水、蒸馏水冲洗干净。

② 不宜在强光下进行比色，因易使眼睛疲劳，引起较大误差。

③ 用完后应及时洗净，晾干，装箱保存。

实验 2-5　粗食盐提纯

一、目的要求

1. 了解粗食盐的提纯方法和原理；
2. 学习沉淀、过滤、蒸发、结晶等基本操作；
3. 学习离心分离操作；
4. 了解有关离子的性质，学习检测 Fe^{3+} 的限量分析方法（目视比色法）。

二、实验原理

粗食盐中主要含有钙、镁、钾、铁的硫酸盐和氯化物等可溶性杂质以及泥沙等机械杂质。

将粗食盐溶于水后，不溶性机械杂质可用过滤方法除去；可溶性杂质可以用化学方法除去，即根据可溶性杂质离子的性质加入合适的化学试剂，将可溶性杂质变为难溶性物质分离除去，就此达到提纯目的。

1. 加入稍过量的 $BaCl_2$ 溶液除去 SO_4^{2-}

$$Ba^{2+} + SO_4^{2-} = BaSO_4 \downarrow$$

2. 加入 $NaOH$、Na_2CO_3 溶液除去 Ca^{2+}、Mg^{2+}、Fe^{3+} 及稍过量的 Ba^{2+}

$$Ca^{2+} + CO_3^{2-} = CaCO_3 \downarrow$$

$$Ba^{2+} + CO_3^{2-} = BaCO_3 \downarrow$$

$$Fe^{3+} + 3OH^- = Fe(OH)_3 \downarrow$$

$$2Mg^{2+} + CO_3^{2-} + 2OH^- = Mg(OH)_2 \cdot MgCO_3 \downarrow$$

3. 加入 HCl 溶液，除去稍过量的 $NaOH$、Na_2CO_3……

$$OH^- + H^+ = H_2O$$

$$CO_3^{2-} + 2H^+ = H_2O + CO_2 \uparrow$$

可溶性钾离子杂质在食盐溶液浓缩结晶时难以析出，所以不需另作处理。微量的钾离子一般附着在食盐表面上，工业上通常用水冲洗将它除去。

三、仪器与药品

托盘天平、烧杯（250mL）、普通漏斗、蒸发皿、抽滤装置、离心机、离心试管、比色管。

粗食盐、$BaCl_2$（$1.0mol \cdot L^{-1}$）、$NaOH$（$2.0mol \cdot L^{-1}$）、Na_2CO_3（$1.0mol \cdot L^{-1}$）、HCl（$2.0mol \cdot L^{-1}$）、H_2SO_4（25%）、$KSCN$（$1.0mol \cdot L^{-1}$）、固体 $NH_4Fe(SO_4)_2 \cdot 12H_2O$、$pH$ 试纸、滤纸。

四、实验步骤

（一）离心机的使用及粗食盐中杂质离子的分离

取粗食盐 $1g$，用 $5mL$ 蒸馏水溶解，选择适当的沉淀剂和步骤，用离心分离法除去 SO_4^{2-}、Ca^{2+}、Mg^{2+}、Fe^{3+}。

（二）粗食盐的提纯

1. 粗食盐的溶解

用托盘天平称取粗食盐 $20g$，置于 $250mL$ 烧杯中，加自来水 $100mL$，加热并用玻璃棒搅拌，使粗食盐全部溶解。

2. SO_4^{2-} 和不溶性杂质的除去

把配制好的粗食盐溶液加热至近沸，在不断搅拌下慢慢滴加 $BaCl_2$ 溶液（$1.0mol \cdot L^{-1}$），直到溶液中的 SO_4^{2-} 全部生成 $BaSO_4$ 沉淀为止（$BaCl_2$ 的用量大约 $8mL$）。继续保温至近沸 $10min$，使生成的 $BaSO_4$ 沉淀陈化（易于过滤）。为了检验 SO_4^{2-} 是否沉淀完全，可暂停加热和搅拌，静置，待沉淀沉降后，沿烧杯内壁再滴加 $BaCl_2$ 溶液 $1\sim2$ 滴，并仔细观察上层清液滴加处是否浑浊，若没有出现浑浊现象就证明 SO_4^{2-} 已沉淀完全，否则应继续滴加 $BaCl_2$ 溶液，直到沉淀完成为止。沉淀完全后继续加热保温 $5min$，以使沉淀颗粒长大。静置，用普通漏斗过滤，再用少量蒸馏水将沉淀洗涤 $1\sim2$ 次，洗涤液并入滤液，弃去滤渣，保留滤液。

3. Ca^{2+}、Mg^{2+}、Fe^{3+} 及过量 Ba^{2+} 的除去

在上述滤液中加入 NaOH 溶液（2.0mol·L^{-1}）2mL 和 Na_2CO_3 溶液（1.0mol·L^{-1}）6mL，在搅拌下加热至近沸，静置，待沉淀沉降后，按以上方法用 Na_2CO_3 溶液检验是否沉淀完全，此时溶液 pH≈10。在搅拌下继续加热保持近沸 10min，静置稍冷后，用普通漏斗过滤，弃去滤渣，保留滤液。

4. 过量 NaOH、Na_2CO_3 溶液的除去

在搅拌下往上述滤液中慢慢滴加 HCl 溶液（2.0mol·L^{-1}），边滴加边不断用玻璃棒蘸取溶液于 pH 试纸上试验，直到溶液呈弱酸性（pH＝4～5）为止。

5. 蒸发结晶

将上述溶液移入蒸发皿中，用小火加热蒸发，浓缩至稀粥状的稠液为止（切不可蒸干）。冷却后减压抽滤，尽可能将结晶抽干。然后再将结晶移入蒸发皿中，用小火缓慢烘干得到精盐，冷却称其质量，计算 NaCl 收率。

（三）产品检验

精制食盐中 Fe^{3+} 的限量分析：称取精制食盐 1g，置于 25mL 比色管中，用 15mL 蒸馏水溶解，加 2mL HCl 溶液（2.0mol·L^{-1}）和 1mL KSCN 溶液（1.0mol·L^{-1}），再用蒸馏水稀释至 25mL 刻度线，摇匀后将所呈现的红色与标准色阶比较，确定 Fe^{3+} 含量。

1. Fe^{3+} 标准溶液（0.1mg·mL^{-1}）的配制

准确称取 0.864g $NH_4Fe(SO_4)_2·12H_2O$，溶于适量蒸馏水中，加 10mL H_2SO_4（25％）溶液，定量移入 1000mL 容量瓶中，稀释至刻度，摇匀。

2. 标准色阶的配制

用吸量管准确吸取 Fe^{3+} 标准溶液（0.1mol·mL^{-1}）5.0mL 置于 500mL 容量瓶中，加 5mL H_2SO_4 溶液（25％），以蒸馏水稀释至刻度，摇匀，即得 0.001mg·mL^{-1} Fe^{3+} 标准溶液。

取三支 25mL 比色管，按顺序编号，依次加入 0.001mg·mL^{-1} 的 Fe^{3+} 标准溶液 1mL、2mL、5mL。再分别加入 2mL HCl 溶液（2.0mol·L^{-1}）和 1mL KSCN 溶液（1.0mol·L^{-1}），用蒸馏水稀释至 25mL 刻度，摇匀即可。

硫氰酸铁不稳定，最好标准色阶与待测液同时显色观察。

化学试剂级含铁标准：

一级标准含 Fe^{3+} 0.001mg；

二级标准含 Fe^{3+} 0.002mg；

三级标准含 Fe^{3+} 0.005mg。

思 考 题

1. 在粗食盐提纯中，过量的盐酸溶液如何除去？

2. 蒸发浓缩时，为什么不能将精食盐水直接蒸干？

3. 影响精食盐收率的因素有哪些？

实验 2-6　用碳酸氢铵和食盐制纯碱

一、目的要求

1. 了解联合制碱法的反应原理和方法；

2. 掌握恒温水浴操作和减压过滤操作；

3. 掌握玻璃温度计的使用。

二、实验原理

用碳酸氢铵和氯化钠制纯碱，又称复分解法制纯碱，它又分为"复分解转化法"和"复分解中间盐法"，本实验重点介绍复分解转化法制备纯碱。

当碳酸氢铵和氯化钠发生复分解反应后，在整个反应体系内就出现了碳酸氢铵、氯化钠、碳酸氢钠及氯化铵的混合物，其中溶解度较小的是碳酸氢钠，所以它首先形成结晶析出来，然后经分离、洗涤、煅烧分解后得到纯碱。此时分离出碳酸氢钠后的液态体系中，剩余的主要成分有氯化铵和少量的氯化钠、碳酸氢铵及碳酸氢钠。加盐酸酸化，使溶液中的碳酸氢铵和碳酸氢钠全部转化成氯化铵和氯化钠。将其溶液加热浓缩，根据氯化铵和氯化钠在高温下溶解度的不同，在112℃温度下先分离出氯化钠，然后再将溶液冷却至5~12℃时分离出氯化铵。有关反应式如下：

① $NH_4HCO_3 + NaCl \Longrightarrow NaHCO_3 + NH_4Cl$

$2NaHCO_3 \Longrightarrow Na_2CO_3 + H_2O + CO_2\uparrow$

② $NaHCO_3 + HCl \Longrightarrow NaCl + H_2O + CO_2\uparrow$

$NH_4HCO_3 + HCl \Longrightarrow NH_4Cl + H_2O + CO_2\uparrow$

"复分解中间盐法"制纯碱，主要利用了溶液中的同离子效应原理，在适当的条件下，将产品、副产品分别分离出来。其工艺过程：

$$
\begin{array}{ccccccccc}
\downarrow 碳铵 & & \downarrow 铵盐 & & \downarrow 碳铵 & & \downarrow 食盐 & & \downarrow 碳铵 \\
\boxed{NaCl液} & \rightarrow & \boxed{铵系液} & \rightarrow & \boxed{钠系液} & \rightarrow & \boxed{铵系液} & \rightarrow & \boxed{钠系液} \\
\downarrow & & \downarrow & & \downarrow & & \downarrow & & \downarrow \\
NaHCO_3 & & NH_4Cl & & NaHCO_3 & & NH_4Cl & & NaHCO_3
\end{array}
$$

在碳酸氢铵和食盐的反应过程中应严格控制温度为35~38℃。若高于40℃时碳酸氢铵易分解，造成损失，若低于35℃所生成的碳酸氢钠沉淀，颗粒较小，发黏，不易过滤，30℃以下反应则无法进行。并且此反应要有足够的反应时间，使其完全转化。

三、仪器与药品

恒温水浴，抽滤装置，托盘天平，蒸发皿，烧杯，水银温度计，玻璃棒。

精制食盐，碳酸氢铵（固），纯碱（固），浓盐酸溶液。

四、实验步骤

（一）食盐溶液的配制

用托盘天平称取精制食盐31g，放入400mL烧杯中，加蒸馏水100mL，用玻璃棒搅拌使其全部溶解。

（二）碳酸氢钠的制备与分离

将盛有食盐溶液的烧杯放入已加热到40℃的恒温水浴中，在剧烈搅拌下分多次撒入已研细的碳酸氢铵粉末38g，同时防止碳酸氢铵沉入烧杯底部。整个反应过程必须严格控制温度范围为35~38℃，随着碳酸氢铵的加入，溶液中会不断有碳酸氢钠沉淀析出。碳酸氢铵加完后，继续保温搅拌30~40min，然后停止搅拌，再保温静置约1h，使产品颗粒增大，便于分离，洗涤，此时碳酸氢钠沉淀全部沉入烧杯底部，小心倾出或虹吸出上层清液（尽可能把清液倒净），清液保留。烧杯中的碳酸氢钠沉淀用少量蒸馏水以倾泻法分几次洗涤至基本无碳酸氢铵气味后，移入布氏漏斗中进行抽滤，抽尽母液，再用蒸馏水冲一次，至母液完全洗脱（母液和洗涤液用于再生产溶盐用）。

（三）碳酸氢钠的煅烧

将以上得到的碳酸氢钠与相当于其体积 1/3 的粉状干纯碱混合（加入纯碱以防止碳酸氢钠煅烧时粘结器壁），充分搅匀，送入烘箱或高温炉内，在 170～200℃下煅烧分解 15～20min。也可将碳酸氢钠沉淀放入蒸发皿中，用小火慢慢加热，并不断用玻璃棒搅拌，直到取出少量样品溶于适量蒸馏水中，用 pH 试纸测试 pH＝14 为止。冷却至室温称量，计算碳酸氢钠收率。

（四）氯化钠和氯化铵的回收

1. 转化

将上述母液在剧烈搅拌下，缓慢滴加浓盐酸溶液酸化，使母液中少量的碳酸氢铵和碳酸氢钠全部转化为氯化铵和氯化钠，直到使溶液 pH＝6 即可。

2. 浓缩析出氯化钠

将酸化后的母液倒入蒸发皿中，在不断搅拌下缓慢加热浓缩，并不时用温度计测试温度，当料液温度达到 112℃时，母液中大部分氯化钠沉淀析出来后，停止加热，稍静置片刻，倾出上层清液，得到氯化钠（氯化钠可循环使用）。

3. 氯化铵的结晶与过滤

将上述清液放在冷盐水中，冷却至 5～12℃，并保温搅拌 1h，使氯化铵完全结晶析出，静置，使晶体下沉，倾出清液，氯化铵晶体进行抽滤分离（母液可返回转化工序）。

4. 氯化铵的烘干

将以上得到的氯化铵晶体置于烘箱内，于 80℃温度下（超过 100℃，氯化铵会升华）干燥至合格。

将以上得到的氯化钠和氯化铵进行称量，计算收率。

注意事项：

① 碳酸氢铵与食盐反应时，食盐应稍过量些，这样有利于碳酸氢钠的析出。

② 在操作过程中，加入碳酸氢铵、浓盐酸或加热时，一定要缓慢进行，以防止大量 CO_2 等气体放出造成溢料损失。

思 考 题

1. 在反应过程中为什么要控制反应温度在 35～38℃范围之内？
2. 在整个操作中，静置的意义是什么？
3. 碳酸氢钠煅烧时，为什么要加纯碱？
4. 氯化铵烘干时，为什么要控制温度为 80℃？

实验 2-7 防锈颜料磷酸锌的制备

一、目的要求

1. 了解磷酸锌的制备方法和原理；
2. 进一步熟练溶解、沉淀、结晶、过滤等基本操作技术；
3. 学习沉淀的洗涤、固体物质的干燥。

二、实验原理

防锈颜料磷酸锌为二水合物粉末，在 105℃以上失去结晶水得无水物。它不溶于水，易溶于酸和氨水溶液，主要用于配制带锈底漆和其他类型防锈底漆。

制备磷酸锌的方法有多种，如：

氧化锌和磷酸作用——把氧化锌用热水调成 20% 的糊状物，滴加磷酸进行反应。

锌盐与磷酸作用——把锌盐溶液调至碱性与磷酸反应制得。

锌盐与磷酸盐复分解反应——把锌盐用水溶解后，在搅拌下撒入磷酸盐粉末制得。

本实验介绍氧化锌与磷酸作用。锌盐与磷酸盐复分解反应制备磷酸锌的两种方法，供选做。主要反应如下：

$$3ZnO + 2H_3PO_4 \Longrightarrow Zn_3(PO_4)_2 \downarrow + 3H_2O$$

$$3ZnSO_4 + 2Na_3PO_4 \Longrightarrow Zn_3(PO_4)_2 \downarrow + 3Na_2SO_4$$

以上方法制得的磷酸锌为四水合物，因此必须要在 110~120℃ 的烘箱内脱水，使之成为二水合物 [$Zn_3(PO_4)_2 \cdot 2H_2O$] 的防锈颜料。

三、仪器与药品

抽滤装置、蒸发皿、烧杯、量筒、水浴。

ZnO（固）、$ZnSO_4$（固）、Na_3PO_4（固）、$BaCl_2$（0.5mol·L^{-1}）、HCl（2.0mol·L^{-1}）、H_3PO_4（15%）、pH 试纸。

四、实验步骤

1. ZnO 与 H_3PO_4 作用制备磷酸锌

用托盘天平称取氧化锌粉末 7.3g，放入 100mL 烧杯中，加入 80℃ 以上的热蒸馏水 35mL，用玻璃棒搅拌 20min，使氧化锌充分润湿，并成糊状物，稍冷，用量筒取 H_3PO_4 溶液（15%）20mL，在搅拌下逐滴加入到糊状物中，加毕后继续搅拌 15min，并用 pH 试纸不断测定溶液 pH，如果反应基本完成，溶液 pH=5~6，待反应完成后，静置陈化 5min（便于过滤），抽滤分离，结晶用蒸馏水洗涤，直至洗涤液为中性。产品放入烘箱内，在 110~120℃ 下干燥 30min，也可放在蒸发皿中，用小火干燥至二水物。进行称量并计算收率。

2. $ZnSO_4$ 与 Na_3PO_4 作用制备磷酸锌

① $ZnSO_4$ 溶液的配制和 Na_3PO_4 的称取

用托盘天平称取 $ZnSO_4$ 12g 或 $ZnSO_4 \cdot 7H_2O$ 21.5g，置于 40mL 烧杯中，加蒸馏水 200mL，搅拌使之全部溶解。

称取 Na_3PO_4 8.2g 或 $Na_3PO_4 \cdot 12H_2O$ 19g，研细。

② $Zn_3(PO_4)_2 \cdot 2H_2O$ 的制备

将配好的硫酸锌溶液放在水浴中，加热至 80℃ 左右，在剧烈搅拌下，分多次把已研细的磷酸钠粉末撒入硫酸锌溶液中，不要让磷酸钠粉末沉底，加毕后继续搅拌 30~60min，使其反应完全，反应完后 pH 应接近中性。然后停止搅拌，静置 10min，使晶体沉降后从水浴中取出稍冷却，小心把上层清液倾入另一个烧杯中，再用适量的蒸馏水洗涤晶体两次，洗涤液并入母液。晶体减压过滤，并用蒸馏水冲洗至滤液用 $BaCl_2$ 溶液（0.5mol·L^{-1}）在酸性条件下检验无 SO_4^{2-} 存在为止。然后抽尽水分，置于烘箱内在 110~120℃ 温度下脱去两个结晶水，得到产品磷酸锌二水合物。称量，计算收率。

③ 副产品 Na_2SO_4 的回收

Na_2SO_4 在水中的溶解度随温度变化比较特殊，在 30℃ 以下随着温度的升高溶解度增大，32.38℃ 达到最大溶解度，当温度再升高时溶解度反而下降。32.38℃ 为 $Na_2SO_4 \cdot 10H_2O$ 和 Na_2SO_4 的转化温度。纯度较高、颗粒较细的无水硫酸钠工业上叫做元明粉，通常条件下是无色菱形晶体。

将上述母液移入蒸发皿中，在不断搅拌下缓缓加热浓缩，直至溶液中有大量白色无水硫酸钠析出为止，然后再用余火不断搅拌将其干燥，得粗品无水硫酸钠。称量，计算收率。

思　考　题

1. 防锈颜料磷酸锌的制备有几种方法，基本反应条件是什么？
2. 实验中为使沉淀更完全，应控制哪些条件？怎样操作？

实验 2-8　从废钒催化剂中提取五氧化二钒

一、目的要求

1. 了解从废钒催化剂中提取 V_2O_5 的原理；
2. 掌握电动搅拌器的使用方法。

二、实验原理

接触法生产硫酸用过的废催化剂中，一般含钒量为 3％左右，其中 30％～70％是以 $VOSO_4$ 的形式存在，其余则以 V_2O_5 的形式存在。V_2O_5 呈橙色或深红色，是两性氧化物，偏酸性，它在水中的溶解度很小（在常温下 100mL 水中能溶解 0.07g），但能溶于强碱性溶液形成正钒盐。

将废催化剂置于强酸性溶液中，此时 V_2O_5 以钒酰离子 VO_2^+ 的形式存在，以 $VOSO_4$ 形式存在的 VO^{2+}（蓝色），用适量的氧化剂（$KClO_3$）氧化为 VO_2^+（黄色）。在溶液酸度 pH＝1～2 时，钒酰离子 VO_2^+ 水解，即可得到 V_2O_5。有关反应方程式如下：

在强酸性溶液中：

$$V_2O_5 + 2H^+ \Longrightarrow 2VO_2^+ + H_2O$$
（黄色）

$$ClO_3^- + 6VO^{2+} + 3H_2O \Longrightarrow 6VO_2^+ + Cl^- + 6H^+$$
（黄色）

在酸度 pH＝1～2 时

$$2VO_2^+ + H_2O \Longrightarrow V_2O_5 \downarrow + 2H^+$$

在水解过程中，V_2O_5 很容易形成胶体溶液造成难以过滤，为了防止胶体溶液的形成，水解时除控制酸度外，还应控制温度，一般水解应在 90～95℃温度下进行，方可得到较大颗粒的 V_2O_5 产品。

三、仪器与药品

研钵、电动搅拌器、抽滤装置、托盘天平、烧杯、滤纸。

H_2SO_4（$1mol \cdot L^{-1}$）、NaOH（$6mol \cdot L^{-1}$）、$KClO_3$（固）、精密 pH 试纸（pH＝0～2.2），废催化剂。

四、实验步骤

1. 浸取

用托盘天平称取研细的废催化剂 150g，放入 400mL 烧杯中，加入 H_2SO_4 溶液（$1mol \cdot L^{-1}$）250mL，用电动搅拌器充分搅拌 1h 或人工搅拌后静置过夜。

2. 过滤

将上述浸取后的物料移入布氏漏斗中进行抽滤，弃去滤渣，得到翠绿色滤液。

3. 氧化

在上述滤液中，加入固体 $KClO_3$ 3g，加热，并不断搅拌，使翠绿色溶液全部变为较明显的黄色。

4. 水解

将以上黄色溶液在不断搅拌下，加热至 90～95℃后，慢慢滴加 NaOH 溶液（6mol·L^{-1}），并随时用精密 pH 试纸检验溶液的酸度，使溶液的 pH 在 1～2 之间。在加入 NaOH 溶液的过程中，先有橙红色沉淀生成，随着 NaOH 溶液的不断滴入就可得到深红色 V_2O_5 沉淀。在有沉淀生成之后必须不断搅拌，以防暴沸。加热水解 1h。

5. 抽滤

将以上水解得到的物料稍冷后进行抽滤，洗涤，弃去滤液，得到 V_2O_5 粗品，将滤饼放在滤纸层中压干或放入烘箱内干燥，称其质量，计算收率。

注意事项：

① 浸取前的废催化剂必须研细过筛（80～100 目），浸取时一定要充分搅拌，确保浸取时间，否则浸取不完全，降低收率。

② 水解时必须控制好温度和酸度，不能低温水解，以防止 V_2O_5 形成胶体溶液。

③ $KClO_3$ 的用量一般按钒催化剂中 $VOSO_4$ 的 1.5% 计算。

思 考 题

1. 钒催化剂用稀硫酸浸取后，浸取液中钒以何种形式存在？

2. 要提高收率，在操作中应注意什么？

3. 如何使用电动搅拌器？其使用注意事项有哪些？

第三章　化学实验基本测量技术

知识目标

1. 了解质量及其测量的基本知识。
2. 掌握分析天平结构、称量知识。
3. 掌握液体体积及其测量知识，了解固体和气体的体积及其测量知识。
4. 掌握常见温度计的用途和测温基本知识。
5. 了解恒温控温基本方法。
6. 掌握压力基本知识和压力单位。
7. 了解常见压力计的使用方法。

技能目标

1. 掌握精度为 0.0001g 的称量技能。
2. 熟悉直接、递减和固定质量称量方法。
3. 具有液体体积量计量筒、滴定管、容量瓶和吸管使用的能力。
4. 学会使用常见温度计测量温度的技能。
5. 具有组装和使用恒温槽控温的能力。
6. 学会使用常见压力计测量压力的能力。
7. 掌握滴定终点的判断能力。

第一节　质量的测量

质量是物体所含物质的多少，是物体惯性大小的量度，其大小由组成物体的物质种类和物体体积决定。

天平是称量物体质量的工具。其中分析天平是准确称量的精密仪器，具有较高灵敏度，误差小，一般最大称量量不超过 200g。

一、分析天平的分类

天平的种类较多，结构各异，形态不一，因此天平的分类方法也有几种，但目前还没有一个统一完善的分类方法。常用的两种分类方法是按天平相对精度和结构进行分类。

（一）按天平相对精度分级（JJG 98—90）

这是常用的天平分类和命名法。《中华人民共和国国家计量检定规程》（JJG 98—90）规定：天平按其检定标尺分度值 e 和检定标尺分度数 n 划分为四个准确度级别：特种准确度级高精密天平符号为 I；高准确度级精密天平符号为 II；中准确度级商用天平符号为 III；普通准确度级普通天平符号为 IV。根据天平的最大称量量与检定标尺分度值（e）之比（称分度数 n，也称相对精度），将 I 级和 II 级机械杠杆式天平细分为 10 小级，如表 3-1，I_1 级天平相对精度最好，II_{10} 级天平的相对精度最差。

按相对精度分级的特点是简单明了，只要知道天平的级别和分度值就可知道它的最大称量量。同样知道了级别和最大称量量也可算出分度值。

表 3-1　天平相对精度分级

准确度级别代号	相对精度 （最大称量量与检定标尺分度值之比）	准确度级别代号	相对精度 （最大称量量与检定标尺分度值之比）
I_1	$n \geqslant 1 \times 10^7$	I_6	$2 \times 10^5 \leqslant n < 5 \times 10^5$
I_2	$5 \times 10^6 \leqslant n < 1 \times 10^7$	I_7	$1 \times 10^5 \leqslant n < 2 \times 10^5$
I_3	$2 \times 10^6 \leqslant n < 5 \times 10^6$	II_8	$5 \times 10^4 \leqslant n < 1 \times 10^5$
I_4	$1 \times 10^6 \leqslant n < 2 \times 10^6$	II_9	$2 \times 10^4 \leqslant n < 5 \times 10^4$
I_5	$5 \times 10^5 \leqslant n < 1 \times 10^6$	II_{10}	$1 \times 10^4 \leqslant n < 2 \times 10^4$

（二）按天平的结构分类

按天平梁的结构特点，分为等臂天平和不等臂天平，根据秤盘的多少，进一步分为等臂单盘天平、等臂双盘天平和不等臂单盘天平，见表 3-2。其中等臂双盘天平是最常见的一种。不等臂天平几乎都是单盘天平。

表 3-2　天平按结构分类及结构特点

天平按结构分类
- 等臂天平
  - 等臂单盘天平（具有光学读数、机械加码及阻尼装置）
  - 等臂双盘天平
    - 普通标牌天平
      - 摆幅天平（无阻尼器）
      - 阻尼天平（有阻尼器）
    - 微分标牌天平（具有光学读数、部分或全部机械加码及阻尼装置）
- 不等臂单盘天平（具有光学读数、机械加码及阻尼装置）

常用的分析天平有阻尼天平、半自动电光天平、全自动电光天平、单盘电光天平、微量天平、电子天平等。国产分析天平的型号与规格见表 3-3。

表 3-3　常见国产天平型号与规格举例

种　类	型号	名　称	最大载重/g	分度值/mg
双盘天平	TG-328B	半机械加码电光天平	200	0.1
	TG-328A	全机械加码电光天平	200	0.1
单盘天平	TG-729B	单盘电光天平	100	0.1
	DTG-160	单盘电光天平	160	0.1
	DT-100	单盘精密天平	100	0.1
微量天平	TG-332A	微量天平	20	0.01
	DWT-1	单盘微量天平	20	0.01
电子分析天平	MD200-1	电子天平	200	0.1
	ALC-1004	电子分析天平	110	0.1
	ALC-2104	电子分析天平	210	0.1
	FAL604N	电子分析天平	160	0.1

二、半自动双盘电光天平的构造

天平类型很多，但基本结构相似。现以目前国内广泛使用的等臂双盘半自动电光分析天平（TG-328B 型，如图 3-1 所示）为例，简要地介绍分析天平的构造。

分析天平是由外框部分、立柱部分、横梁部分、悬挂系统、制动系统、光学读数系统、机械加码装置及砝码等构成的。

（一）外框部分

外框部分包括框罩和底板。框罩是木制框架，镶有玻璃，装入底板四周，起保护天平的作用，防止灰尘、湿气、辐射热和外界气流的影响。前门和侧门均为玻璃门，前门可向上开启且不自落，供装配、调整、修理和清扫天平时用，称量时不准打开。侧门供称量时用，一侧门用于取放称量物，另一侧门用于取放砝码。但在读数时，两侧门必须关好。

底板是一天平的基座，用于固定立柱、天平脚和制动器底架，为了稳固，一般用大理石、金属或厚玻璃制成。

底板下装有三只脚，脚下有橡皮制防振脚垫。后面一只固定不动，前面两只是螺丝脚，用于调节天平的水平位置。

（二）立柱部分

立柱是一空心金属柱，垂直固定在底板上，作为横梁的支架，天平制动器的升降拉杆穿过立柱空心孔带动大小托翼翅板上下运动。立柱上装有以下部件。

（1）阻尼器支架　装于柱中上部，用于固定两个外阻尼筒。

（2）气泡水准器　装于立柱背后阻尼器支架上，用于指示天平的水平位置。

（3）中承刀　立柱顶端装有形状像"土"字形金属制的中刀承座，

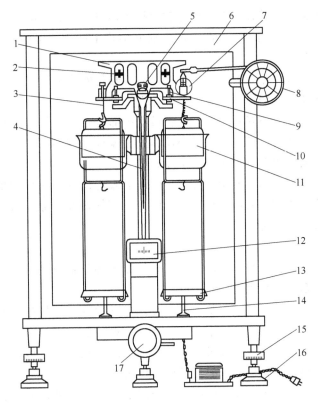

图 3-1　半自动电光分析天平（TG-328B）

1—天平梁；2—平衡螺丝；3—吊耳；4—指针；5—支点刀；
6—框罩；7—环码；8—刻度盘；9—支柱；10—托叶；
11—阻尼器；12—投影屏；13—秤盘；14—盘托；
15—螺丝脚；16—垫脚；17—升降枢旋钮

俗称"土字头"，在土字头前端嵌有一块玛瑙或宝石平板，作为中刀的刀承（中刀承），用以支撑横梁。

（三）横梁部分

横梁是天平最重要的部件，有天平的心脏之称。多用质轻坚固、不变形、膨胀系数小的铝合金、铜合金制成，高精度天平则用不锈钢或钛制成，并做成矩形、三角形、桁架形（多为矩形）等。在横梁上装有以下部件。

（1）三把棱形刀　三把玛瑙或宝石的棱形刀，通过刀盒固定在横梁上。中间的一把为固定的支点刀又称中刀，刀口向下，架在立柱顶端的中刀承座上。左右两边的承重刀（又称边刀）分别镶在可调整的边刀盒上，刀口向上，在刀口上方各悬有一个镶有玛瑙平板刀承的吊耳。这三把刀口的棱边应互相平行并在同一水平面上，同时要求两承重刀口到支点刀口的距离（即天平臂长）相等，如图 3-2 所示。三把刀口的锋利程度对天平的灵敏度有很大影响，刀口越锋利，和刀口相接触的刀承越平滑，它们之间的摩擦越小，天平的灵敏度也就越高，

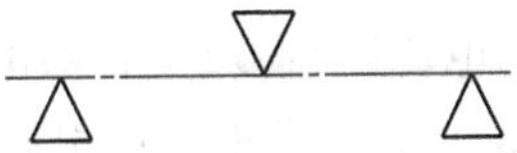

图 3-2　三个刀口在同一水平面上

因此，在使用时要特别注意保护玛瑙刀口，应尽量减少刀口的磨损。

（2）边刀盒 两个边刀盒分别装于横梁的两端，上有许多调节螺丝，用来调节边刀的位置。

（3）平衡螺丝 横梁两侧对称圆孔内分别装有两个平衡调节螺丝（平衡砣），用于调节天平空载时的平衡位置，即零点。

（4）感量调节螺丝 在横梁中部适当位置上（有的天平在横梁背面的螺杆上）装有感量调节螺丝（感量砣、重心砣、重心球），用来调节横梁重心的位置，以改变天平的灵敏度。

（5）指针及微分标牌 横梁下部装有一长而垂直的指针，指针末端装有微分标牌，标牌上的刻度经光学系统放大后成像于投影屏上。

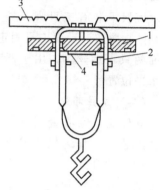

图 3-3 补偿吊耳
1—承重板；2—十字头；
3—加码承重片；4—边刀承

（四）悬挂系统

被称物品和砝码是通过悬挂系统加于横梁两端的，它由秤盘、吊耳和阻尼器组成。

（1）吊耳 有单吊耳和补偿吊耳两种。补偿吊耳其构造如图 3-3 所示。这种吊耳能使刀刃线上受力均匀。

（2）秤盘 秤盘挂在吊耳的上层吊钩内，一般由铜合金镀铬制成，用以承放称量物品和砝码。

（3）阻尼器 由内外两个阻尼筒构成，外筒固定在立柱两侧的阻尼器支架上，内筒（又叫活动阻尼器）挂在吊耳下层吊钩上，内外筒之间有一均匀的间隙，当横梁摆动时，阻尼器内筒也随着作上下运动，但内外筒之间因有一均匀的间隙而互不接触，空气只能从两筒之间很小的环形空隙中进出，产生较大的阻力，使横梁在摆动 1～2 个周期后迅速停下来（故称空气阻尼器），便于读数。

吊耳、秤盘、阻尼筒都有区分左右的标记，常用的是左"1"、右"2"或左"·"、右"··"。

（五）制动系统

制动系统用于控制天平开关，制止横梁及秤盘的摆动，保护天平的刀口使其保持锋利，避免因受冲击而使刀口产生崩缺。制动系统由升降枢旋钮、升降拉杆、托梁架、盘托等组成。

当反时针旋转升降枢旋钮至端点时，立柱上的翼翅板上升，将横梁和吊耳托起，三把刀和刀承脱离，两个盘托也同时升起，将秤盘微微托起，天平处于"休止"状态，光源灯熄，此时方可加减砝码和取放称量物。当顺时针旋转升降枢旋钮时，立柱上的翼翅板下降，三把刀先后接触刀承，盘托同时下降，天平处于工作状态，光源灯亮。天平两边未达到平衡时，切不可全开天平，否则横梁倾斜太大，吊耳易脱落，使刀口受损。开启和"休止"天平都应轻轻、缓慢而均匀地转动升降枢旋钮，以保护天平。

（六）光学读数系统

光学读数系统的作用是对微分标尺进行光学放大，并显示于投影屏上，如图 3-4 所示。它是由一只小变压器将 220V 交流电电压降到 6～8V 供电，受弹簧开关控制。开启天平时，电源接通，灯泡亮，光线经聚光管成为平行光束，照射到微分标牌上，微分标牌上的刻度经放大镜放大 10～20 倍，再经一次反射、二次反射改变光的方向，成像于投影屏上。在投影

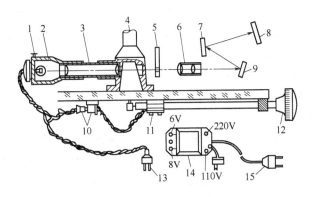

图 3-4　光学读数系统

1—灯座固定螺丝；2—照明筒；3—聚光管；4—立柱；5—微分标牌；6—放大镜筒；
7—二次反射镜；8—投影屏；9——次反射镜；10—插头插座（连接弹簧开关）；
11—弹簧开关；12—天平开关；13—灯泡插座；14—变压器；15—电源插头

屏的中央有一条纵向固定刻线，微分标牌的投影与刻线重合处即为天平的平衡位置。投影屏是活动的，扳动天平底座下面的零点微调杆可使投影屏左右移动，以便在小范围内调节天平零点。一旦零点调整好后在称量过程中不能拨动微调杆。

微分标牌上有双向刻度，即$-10\sim0\sim+10$mg 共 20 大格，一大格相当于 1mg，有的天平仅有单向刻度，即 $0\sim+10$mg，每一大格又分为十个小格，每一小格为一分度，一分度相当于 0.1mg，即投影屏上可直接读出 10mg 以下的质量，读准至 0.1mg。读数方法如图3-5 所示。

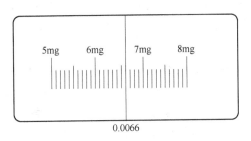

图 3-5　微分标尺上读数示意图

读数为 0.0066g 或 6.6mg

（七）机械加码装置及砝码

1. 砝码和砝码组

砝码是质量单位的具体体现，它有确定的质量，具有一定的形状，用于测定其他物体的质量和检定各种天平。为了衡量各种不同质量的物体，需要配备一套砝码，其质量由大到小能组合成任何量值，这样的一组砝码称砝码组。砝码的组合一般有两种形式即：5、2、2、1型（有克码 100、50、20、20、10、5、2、2、1g）和 5、2、1、1 型（有克码 100、50、20、10、10、5、2、1、1g），最常用的是前一种组合形式，按固定顺序放在砝码盒中。

砝码是进行称量的质量标准，必须保持其质量的准确性，使用砝码时要注意如下事项。

① 面值（或称名义质量）相同的砝码质量有微小的差别，所以附有不同的标记，以便互相区别。为了尽量减少称量误差，同一个试样测定中的几次称量，应尽可能使用同一套砝码。

② 将砝码从盒中取出或放回时必须用镊子夹取，以免弄脏砝码而改变其质量。

③ 砝码的表面如有灰尘，可用专用的软毛刷拂去。如有油污，无空腔的砝码可用无水酒精清洗，有空腔的可用绸布蘸酒精擦净。

④ 砝码应定期检查，一般检定周期为一年，检定合格的砝码一般不用修正值。但在精密测量中，则应使用修正值。

2. 机械加码装置

半自动电光天平 1g 以下的砝码做成环状，放在加码杆上，转动加码指数盘，使加码杆按指数盘的读数把环码加到吊耳上的环码承受片上。环码共有 10mg、10mg、20mg、50mg、100mg、100mg、200mg、500mg 8 个，可组合成 10～990mg 的任意数值。指数盘上 1～9 一位数码对应 100～900mg 环码的质量，10～90 二位数码对应 10～90mg 环码的质量（不论指数盘在天平的左边或右边，也不管指数盘内外圈如何组合，均遵守此规律）。如图 3-6(a) 所示读数为 0.00mg，如图 3-6(b) 所示为 810mg。

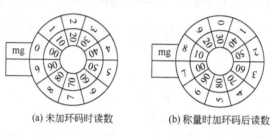

(a) 未加环码时读数　　　　(b) 称量时加环码后读数

图 3-6　机械加码器

所有砝码都由机械加码装置进行加减的天平叫全自动电光天平（或全机械加码电光天平）。其机械加码装置在天平左侧，自上而下分为三组，其结构与半自动电光天平基本相似。

三、单盘减码式电光天平

单盘天平只有一只放置称量物的秤盘。秤盘和砝码均悬挂在同一臂上，作用在承重刀上；横梁的另一臂端装有一固定质量的配重砣（或称平衡锤）和空气阻尼器，用来与天平盘和砝码的质量保持平衡。空载时，天平处于平衡状态。单盘天平的结构如图 3-7 所示。

常见的单盘、减码式光电天平 DT-100 型最大载荷为 100g，最小分度值 0.1mg，机械减码范围 0.1～99g，标尺显示范围 -15～+110mg。天平的外形和微读数字窗口示意图如图 3-8 所示。

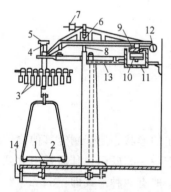

图 3-7　单盘天平结构示意图

1—盘托；2—秤盘；3—砝码；4—承重刀和刀承；5—吊耳；6—重心螺丝；7—平衡螺丝；8—支点刀和刀承；9—空气阻尼片；10—平衡锤；11—空气阻尼筒；12—微分标尺；13—横梁支架；14—升降枢旋钮

用单盘天平称量采用减码式称量法。首先调零：将停动手钮缓缓向前转 90°，全开天平；缓慢旋转零调手钮，使标尺上的"00"线位于投影屏夹线正中；则零点调定，关闭天平。

称量：打开天平侧门，将欲称物放在天平盘中心，关上侧门。将停动手钮向后转动 30°，半开天平。用减码手轮从大到小调整砝码，顺序调定 10g 组、1g 组、0.1g 组砝码（也就是减去与称量物质量相等的砝码）。将停动手钮缓缓向前转动至水平状态，即天平从半开到全开状态；待标尺停稳

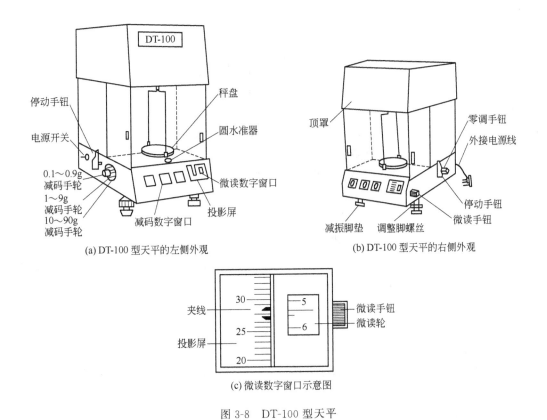

图 3-8　DT-100 型天平

后，再按顺时针方向转动微读手钮使标尺移至夹线中央。重复一次关、开天平，若标尺的平衡位置没有变化即可读数，减去砝码的质量就是称量物的质量。

与双盘天平比较，单盘天平有以下优点。

① 因 100mg 以下的质量值由投影屏读出，不用加减 100mg 以下的砝码，使称量更方便。

② 灵敏度不受负载变化的影响，因天平梁上负载恒定，因此，天平的灵敏度不变。

③ 由于砝码和称量物在同一臂上，因此消除了一般分析天平由于两臂不等而引起的不等臂性误差，保证了称量结果的正确性。

四、电子天平

最新一代的天平是电子天平。电子天平是将质量信号转变成电信号。利用电子装置完成电磁力补偿调节，使称重物在重力场中实现力的平衡；或通过电磁力矩的调节，使称重物在重力场中实现力矩的平衡。产生的电信号经过放大、数字显示而完成质量的精确计量。

常见的电子天平的结构都是机电结合式的，由载荷接收、传递装置、测量和补偿装置等部件组成，可分成顶部承载（上皿）式和底部承载（下皿）式两类；从天平的校准方法可分为内校式和外校式两种；按称量精度可分为电子托盘天平、电子精密天平、电子分析天平等。

电子天平种类和型号很多，称量前必须详读说明书，按要求操作。型号为 BP221S 电子天平属于内校式的上皿天平，最大称样量为 221g，精度为 0.1mg。其外形如图 3-9 所示。

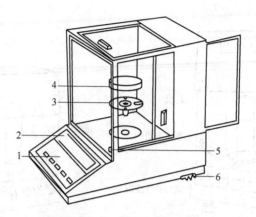

图 3-9 BP221S 电子天平外形

1—键盘（控制板）；2—显示器；3—盘托；4—秤盘；5—水平仪；6—水平调节脚

电子天平具有很多优点，它使用寿命长，性能稳定，灵敏度高，操作方便。由于电子天平是依据电磁平衡原理，称量不用砝码，放上被称物后，几秒内即达到平衡显示读数，故称量快速准确。具有自动校准、超载指示、故障报警、自动去皮等功能。由于质量信号转变成电信号输出，可与打印机、计算机连用，扩展其功能。

五、电光分析天平的计量性能

任何一种计量仪器都有它特定的计量性能，分析天平的计量性能可用灵敏性、稳定性、正确性及示值变动性来衡量。

（一）灵敏性

天平的灵敏性通常用天平的灵敏度或分度值为表示。

1. 灵敏度（E）

天平的灵敏度是指在天平的某一盘中添加 m mg 的小砝码时，引起指针的偏移程度，即指针沿着微分标牌的线位移 n 与 m mg 质量之比，即

$$E(\text{分度} \cdot \text{mg}^{-1}) = \frac{n(\text{分度})}{m(\text{mg})} \tag{3-1}$$

在实际工作中，灵敏度的测定是在天平的零点调好后，休止天平，在天平的物盘上放一校正过的 10mg 环码，启动天平，指针应移至 100 ± 1 分度范围内，则灵敏度为：

$$E(\text{分度} \cdot \text{mg}^{-1}) = \frac{100(\text{分度})}{10(\text{mg})} = 10(\text{分度} \cdot \text{mg}^{-1})$$

2. 分度值（e）（或称感量）

分度值是指指针在微分标牌上移动一分度所需要的质量值。分度值与灵敏度互为倒数：

$$e(\text{mg} \cdot \text{分度}^{-1}) = \frac{1}{E}(\text{mg} \cdot \text{分度}^{-1})$$

分度值的单位为 mg·分度$^{-1}$，习惯上往往将分度略去，用"mg"作为分度值的单位。

天平的灵敏度与横梁的质量和天平臂长成正比，与支点至感量调节螺丝的距离成反比，对一台设计定型的分析天平只能通过调整感量调节螺丝的高低改变支点与感量调节螺丝的距离来改变灵敏度，但不能用提高横梁重心的方法任意提高，因为灵敏度与稳定性是相互矛

盾、相互制约的。

另外天平的灵敏度在很大程度上取决于三把玛瑙刀口接触点的质量。刀口的棱边越锋利，玛瑙刀承表面越光滑，两者接触时摩擦力小，灵敏度高，如果刀口受损伤，则不论怎样移动感量调节螺丝的位置，也不能显著提高天平的灵敏度。因此在使用天平时，应特别注意保护好天平的刀口和刀承。

（二）稳定性

天平的稳定性是指天平在空载或负载时的平衡状态被扰动后，经几次摆动，自动恢复原位的能力。

稳定性主要取决于感量调节螺丝的位置，其越下降，稳定性就越好，反之天平的稳定性越差或根本不稳定。不稳定的天平是无法称量的。天平不仅要有一定的灵敏度，而且要有相当的稳定性，才能完成准确的称量。任何一台天平其灵敏度和稳定性的乘积是一常数，应将天平的灵敏度和稳定性均调在最佳值。

（三）准确性（不等臂性）

等臂天平的准确性是指横梁两臂长度相等的程度，习惯用横梁的不等臂性表示。由于横梁的不等臂性引起的称量误差叫不等臂性误差，属于系统误差。

天平的不等臂性误差与两臂长度之差成正比，也与载荷成正比。但此项误差，用天平全载时由于不等臂性表现出的称量误差表示。国标（JJG 98—90）规定：半自动电光天平新出厂产品的不等臂性误差不大于 3 分度，使用中的天平不大于 9 分度。

横梁臂长受温度影响较大，例如黄铜横梁两臂温差 0.2℃时，对 100g 质量引起的称量误差约为 0.5mg。这就是称量样品必须保持和天平盘温度一致的原因。

（四）示值变动性

示值变动性是指在不改变天平状态的情况下多次开关天平时其平衡位置的重现性，或者说，在同一载荷下比较多次平衡点的差异。它表示天平称量结果的可靠程度。天平的精确度不仅取决于天平的灵敏度，而且还与示值变动性有关，单纯提高灵敏度会使变动性增大，两者在数值上应保持一定的比例，国标（JJG 98—90）规定：天平的灵敏度与示值变动性的比例关系是 1:1，即天平的示值变动性不得大于读数标牌 1 分度。

天平的示值变动性与稳定性有密切关系，但不是同一概念。稳定性主要与横梁的重心位置有关，而变动性除与横梁重心位置有关外，主要取决于天平的装配质量，以及刀口与刀承之间的摩擦大小和刀口的锐钝程度（也与温度、气流、振动及静电有关）。如发现变动性太大，必须由专业天平修理人员进行修理。

六、分析天平的使用规则

（1）天平安放好后，不准随便移动，应保持天平处于水平位置。

（2）同一实验应使用同一台天平和砝码。

（3）天平载物不能超过最大载荷，称量前要先粗称。

（4）经常保持天平框罩内清洁干燥，天平框罩内应放有吸湿用的变色硅胶，硅胶蓝色消失失效后应及时烘干。不得将被称物洒在天平框罩内。

（5）称量前打开天平两侧门 5～10min，使天平内外的温度和湿度趋于一致，以避免天平内外的温度、湿度不一致引起示值变动。

（6）使用过程中要特别注意保护玛瑙刀口。旋转升降枢应轻、缓、匀，不得使天平剧烈振动，取放物品、加减砝码必须先休止天平，以免损坏刀口。

（7）天平的前门不得随意打开，以防人呼出的热气、水汽和二氧化碳影响称量。称量过程中取放药品、砝码只能开两个侧门。

（8）热的或过于冷的物品要放在干燥器中与室内温度一致以后再称量。化学试剂和样品不能直接放在秤盘上，根据其性质可选用称量瓶、表面皿（或硫酸纸）等干燥的器皿称量。为防止天平盘被腐蚀，可在天平盘上配备表面皿或塑料薄膜，作为称量器皿的衬垫。对于有吸湿性、挥发性、腐蚀性或易变质的物品，必须选用适当可密闭的容器（称量瓶、滴瓶或安瓿瓶等）盛放。

（9）取放砝码必须用镊子夹取，严禁用手拿取，以免沾污。砝码只能放在秤盘和砝码盒的固定位置（镊子也只能拿在手中或砝码盒的固定位置），不允许放在其他地方，每架天平都有与之配套的砝码，不准任意调换。半自动电光分析天平加减环码时应缓慢地加减，防止环码跳落、互撞。

（10）称量完毕，休止天平。检查砝码是否全部放回砝码盒的原位，称量物是否已从秤盘上取出，天平门是否已关好。如是半自动电光天平，检查指数盘是否已恢复到零位，电源是否切断，最后盖好天平罩。

七、电光分析天平称量程序和方法

（一）称量的一般程序

1. 取下天平罩，折叠整齐放在天平框罩上或放在天平右后方的台面上。

2. 操作者面对天平端坐，记录本放在胸前台面上，存放和接收称量物的器皿放在物盘一侧的台面上，砝码盒放在指数盘一侧的台面上。

3. 称量前准备工作

① 检查天平各个部件是否都处于正常位置（主要察看的部件有横梁、吊耳、秤盘和环码等），指数盘是否对准零位，砝码是否齐全。

② 察看天平秤盘和底板是否清洁，若不清洁可用软毛刷轻轻扫净，或用细布擦拭。

③ 检查天平是否处于水平位置，从正上方向下目视水平仪，若气泡不在水准仪的中心，可旋转天平板下面前两个螺丝脚，直至气泡在水准仪中心为止。

4. 调整天平零点，关闭天平门，接通电源，旋转升降枢旋钮，电光天平的微分标尺上的"0"刻度应与投影屏上的标线重合，若不重合，可拨动升降枢旋钮下面的拨杆使其重合，使用拨杆不能调至零点时，可细心调整位于天平横梁上的平衡螺丝，直至微分标尺上"0"刻度对准投影屏上的标线为止。

5. 试称与称量，当要求快速称量时，当怀疑被称物品的质量超过天平的最大载荷时或对初学天平者，应用托盘天平进行预称。称量中应遵循"最少砝码个数"的原则，因为不同面值砝码的允差随面值增大而增加。因此，在用相减法称取试样时，应设法避免调换大砝码。将被称物置于物盘中央，关好侧门，估计被称物的大约质量，用镊子夹取大砝码置于砝码盘中央，小砝码置于大砝码周围，开始试称。试称过程中为了尽快达到平衡，选取砝码应遵循"由大到小，中间截取，逐级试验"的原则。试加砝码时应慢慢半开天平进行试验。对于电光天平只要记住"指针总是偏向轻盘，微分标尺的光标总是向重盘方向移动"。就能迅速判断左右两盘孰轻孰重。当砝码与被称物质量相差1g以下时，关闭侧门，一挡一挡慢慢转动环码指数盘至砝码、环码与被称物质量相差10mg以下时，将升降枢旋钮全部打开，观察投影屏上刻线位置，读出投影屏上的质量，休止天平。

6. 读数与记录，先按砝码盒里的空位记下砝码的质量，再按大小顺序依次核对秤盘上的砝码，同时将其放回砝码盒空位。然后加上指数盘环码读数和投影屏上的读数即为被称物的质量，其数据应立即用钢笔或圆珠笔记录在原始记录本上，不允许记录在纸上或其他地方。

7. 检查天平零点变动情况，称量结束后，取出被称量物品，将指数盘回零，打开天平检查零点变动情况，如果超过两小格，则需重称。

8. 切断电源，将砝码盒放回天平箱顶部，罩好天平，填好天平使用登记簿，放回坐凳，方可离开天平室。

（二）称样方法及操作

称取试样经常采用的方法有直接称样法、递减称样法（俗称差减法或减量法）和固定质量称样法。

1. 直接称样法

对某些在空气中没有吸湿性、不与空气反应的试样，可以用直接称样法称量。即用牛角匙取试样放在已知质量的清洁而干燥的表面皿或称量纸（硫酸纸）上，一次称取一定质量的样品，然后将试样全部转移到接收器中。

操作方法如下：先调好天平零点，用干净纸条或戴上化纤弹力手套将小表面皿放在物盘上，在砝码盘上放适当量砝码，平衡后记录秤盘上砝码、指数盘及投影屏上读数，即为小表面皿质量，如为 16.6858g。再用牛角匙取试样放入表面皿（假如估计所需试样量为 0.2g 左右），旋转指数盘加环码至平衡后读数，若此时读数为 16.8928g，则试样质量为 0.2070g。休止天平，取出试样。

2. 递减称样法

递减称样法（差减法或减量法）是分析工作中最常用的一种方法，其称取试样的质量由两次称量之差而求得。这种方法称出试样的质量只需在要求的称量范围内，而不要求是固定的数值。

操作方法如下：戴上白色化纤弹力手套，拿住表面皿边沿，连同放在上面的称量瓶一起从干燥器里取出。打开称量瓶盖，将稍多于理论量的试样用牛角匙加入称量瓶中，盖上瓶盖。手拿称量瓶瓶身中下部，将其置于天平物盘正中央（或用清洁的纸条叠成约 1cm 宽的纸带套在称量瓶上，手拿纸带的尾部，如图 3-10 所示），选取适当的砝码及环码使之平衡，记下称量瓶加试样的准确质量（准确至 0.1mg）。左手将称量瓶从天平盘上取下，移到接收器的上方，右手打开瓶盖，注意瓶盖不要离开接收器上方（如没有手套，可用纸带）。将瓶身慢慢向下倾斜，然后右手用瓶盖轻轻敲击瓶口上部边沿，左手慢慢转动称量瓶，使试样落入容器中，如图 3-11 所示，待接近需要量时（通常从体积上估计），一边继续用瓶盖轻敲瓶口上沿，一边逐渐将瓶身竖直，使粘在瓶口的试样落入接收器或落回称量瓶底部，盖好瓶盖。再将称量瓶放回物盘，准确称其质量。两次称量质量之差即为倾入接收器的试样质量。如此重复操作，直至倾出试样质量达到要求为止。

按上述方法连续递减，即可称出若干份试样。

用递减称样法称量时所选用的称量容器应根据标准物质或试样性质而定。易吸湿、易氧化或易与二氧化碳反应的物质，应选用带磨口的称量瓶，如果是液体试样，则应选用胶帽滴瓶。对于易挥发的液体，应选用安瓿如图 3-12 所示。先称空安瓿质量，将安瓿在酒精灯上微微加热，吸入试样后加热封口，再称总质量，两次质量之差即为试样质量。对于不吸湿，在空气中不发生变化的固体物质，可选用小表面皿或硫酸纸。用硫酸纸称取固体质量，倾出

图 3-10　夹取称量瓶的方法

图 3-11　倾出试样的方法

被称物后应再称一次纸的质量，以防纸上残留被称物而使被称物质量不准确。

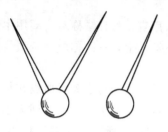

图 3-12　安瓿

递减法操作时应注意以下几点。

① 盛有试样的称量瓶除放在表面皿和秤盘上或拿在手中（戴手套）外，不得放在其他地方，以免沾污。

② 若一次倾出试样不足时，可重复上述操作直至倾出试样量符合要求为止（重复次数不宜超过三次）；若倾出试样大大超过所要求数量，则只能弃去重称。

③ 称量时若用手套，要求手套洁净、合适；若用纸带，要求纸带的宽度小于称量瓶的高度，套上或取出纸带时，不要接触称量瓶口，纸带也应放在洁净的地方。

④ 要在准备盛放试样的容器上方打开或盖上瓶盖，以免黏附在瓶盖上的试样失落它处。粘在瓶口上的试样应尽量敲回瓶中，以免粘到瓶盖上或丢失。

3. 固定质量称样法

在实际工作中，有时要求准确称取某一指定质量的物质。如用直接法配制指定浓度的标准溶液时，常用此法称取标准物质的质量。此法只能用来称取不易吸湿，且不与空气作用性质稳定的粉末状的物质，不适于块状固体物质的称量。

操作方法如下：首先调好天平零点，将洁净干燥的深凹形小表面皿（通常直径为 6cm，也可以用扁形称量瓶或小烧杯）放在天平的物盘上，在砝码盘上加入等质量的砝码及环码，使其达到平衡。再向砝码盘上增加约等于所称试样质量的砝码或环码，一般准至 10mg 即可。然后用药匙逐渐加入试样，半开天平进行试重，直至所加试样只差 10mg 以下时，便可开启天平，极小心地以左手（或右手）将盛有试样的药匙，伸向表面皿中心部位上方 2～3cm 处，拇指、中指及掌心拿稳药匙，用食指轻弹（最好是摩擦）药匙柄，让匙里的试样以非常缓慢的速度抖入表面皿中（如图 3-13 所示），此时眼睛既要注意药匙，同时也要注意投影屏上的微分标尺，待微分标尺正好移动到所需的刻度时，立即停止抖入试样。注意在抖样时左手（或右手）不要离开升降枢旋钮。

例如，要求直接配制 $c\left(\dfrac{1}{6}K_2Cr_2O_7\right)=0.1000mol \cdot L^{-1}$
$K_2Cr_2O_7$ 标准溶液 100mL，则必须准确称取 0.4904g
$K_2Cr_2O_7$ 标准物质，可加 490mg 环码，用药匙在表面皿上慢慢加入 $K_2Cr_2O_7$，直至投影屏标尺显出 0.4mg 时，立即停止

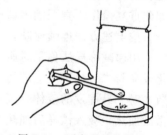

图 3-13　固定质量称样法

加样。

抖入试样的操作必须十分仔细，若不慎多加试样，只能立即关闭升降枢旋钮，用药匙取出多余的试样，再重复上述操作直至合乎要求为止。最后取出表面皿，将试样全部直接转入容器中。

操作时应注意以下两点。

① 加试样或取出药匙时，试样绝不能落在秤盘上，开启天平加样时，切忌抖入过多的试样，否则会使天平突然失去平衡。

② 称好的试样必须定量地由表面皿直接转入接收器，粘在表面皿上的少量粉末可用纯水吹洗入接收器中。

思 考 题

1. 用分析天平称量前，对初学天平者要先在托盘天平上预称有什么意义？

2. 在什么情况下选用递减称样法？什么情况下选用固定质量称样法？

3. 为什么每次称量前和称量结束后都必须测定天平的零点？

4. 按天平的相对精度分级将天平分为多少级？这种分类方法有什么特点？

5. 按天平的结构分为几大类？常用的分析天平有哪些？

6. 天平的计量性能包括哪几项？对各项指标有什么要求？

7. 什么是天平的灵敏度？如何表示？怎样测定？什么是天平的感量？它与灵敏度有什么关系？

8. 天平框罩的作用是什么？什么情况下开启前门？

9. 用分析天平称量时，为什么取放物品与砝码要休止天平？有何重要意义？

10. 分析天平空气阻尼器的作用原理是什么？

11. 分析天平的使用规则有哪些？

12. 用分析天平称量时，为什么要遵循"砝码个数最少"的原则？又为什么取用砝码要有一定的顺序？两个面值相同的砝码为什么要区分使用？

13. 用分析天平称量时，若投影屏上微分标尺光标向负值偏移，应加砝码还是减砝码？若光标向正值偏移呢？

14. 有一等臂双盘电光天平，在物盘上加 10mg 标准环码，测得天平停点是 $+10.1mg$，问此天平的感量是多少？（用 $mg \cdot$ 分度$^{-1}$ 表示）

15. 用一半自动电光天平称量某一物体质量时，其砝码质量为 2g，环码质量为 180.0mg，投影屏读数为 $+2.6mg$，求此物体的质量是多少？

实验 3-1　分析天平称量练习

一、实验目的

1. 了解分析天平的构造，学会正确的称量方法；

2. 初步掌握减量法称样的方法；

3. 了解称量中如何正确运用有效数字；

4. 掌握天平零点及灵敏度的测定。

二、仪器和药品

1. 仪器：半自动电光分析天平、10mg 环码、托盘天平、铜片、表面皿、称量瓶、药匙、锥形瓶（或小烧杯）。

2. 药品：碳酸钠或重铬酸钾固体。

三、实验步骤

1. 熟悉半自动电光分析天平的构造及各部件的作用

(1) 对照分析天平观察、了解、熟悉天平各部件的名称及性能。

(2) 检查天平各部件的位置是否正常，环码是否到位。检查天平秤盘、底板是否清洁。检查天平是否水平。

(3) 打开砝码盒，检查砝码是否齐全，了解砝码组合，认识砝码并熟悉其位置。了解机械加码指数盘一位数码与二位数码的位置，练习指数盘的使用方法。

2. 天平零点的测定

接通电源，缓慢启动天平升降枢旋钮，观察零点，当读数不为"0"，即标尺"0"刻线与投影屏上的标线不重合时，可拨动天平底板下面的零点微调拨杆，微微移动投影屏的位置，调至零点。若零点读数相差太大，则应轻轻调整天平横梁上的平衡螺丝，使零点在标线位置。连续测定两次即可。

3. 天平灵敏度的测定

测定零点后，在天平的物盘上加 10mg 环码，观察平衡点（测定两次）。根据测定数据计算天平空载时灵敏度 E 和空载感量 e。

4. 直接称量法

按分析天平称量一般程序操作。

(1) 首先在托盘天平上预称表面皿的质量，加上铜片后再称取一次（准确至 0.1g）。

(2) 调好零点后，将表面皿与铜片一起放在分析天平上准确称出其质量，取下铜片后，准确称出表面皿质量，两次质量之差即为铜片质量。

5. 递减称样法

(1) 先将洗涤洁净的锥形瓶（或小烧杯）编上号。

(2) 手戴化纤弹力手套或用洁净纸带从干燥器中取出称量瓶，放在已处理洁净的托盘天平秤盘上称其质量（准确至 0.1g）。然后用药匙加入约 2g 固体碳酸钠粉末。

(3) 将盛有碳酸钠试样的称量瓶在分析天平上准确称量（准确至 0.1mg），记下质量，设为 m_1 g。

(4) 按递减称样法操作向锥形瓶中磕入 0.2~0.3g 碳酸钠，并准确称出称量瓶和剩余试样的质量，设为 m_2 g，锥形瓶中试样质量为（$m_1 - m_2$）g，以同样的方法连续称取三份试样，每份均为 0.2~0.3g（准确至 0.1mg）。

(5) 以同样方法连续再称取 0.15~0.2g 碳酸钠试样三份，直至熟练掌握递减法操作。

第二节　体积测量

体积是物体占有空间部分的大小。物体通常有液体、固体、气体三种状态，它们体积的测量也不尽相同。

一、液体体积的测量

在实验室中测量液体体积的量器分两大类，一类是准确测量液体体积的较精密量器，如滴定管、吸管、容量瓶；另一类是粗略测量液体体积的不太精密量器，如量筒与量杯。在滴定分析中要由滴定时所消耗的标准溶液的体积及其浓度来计算分析结果，因此，除了要准确地确定标准溶液的浓度外，还必须准确地测量它的体积。而准确测量溶液体积，一方面取决于玻璃量器的容积刻度是否准确；另一方面还取决于能否正确使用玻璃量器。我国国家计量检定规程（JJG 196—90）对常用玻璃量器的分类、用法、准确度等级及标称容量等列于表 3-4 中。

表 3-4 量器的分类、用法、准确度等级及标称容量（JJG 196—90）

量器的分类			用法	准确度等级	标称总容量/mL 或 cm³
滴定管	酸式、碱式、三通活塞、自动定零位滴定管		量出	A、B 级	5,10,25,50,100
	座式滴定管				1,2,5,10
分度吸管	完全流出式	有等待时间 15s	量出	A 级	1,2,5,10,25,50
		无等待时间		A、B 级	
	不完全流出式			B 级	0.1,0.2,0.25,0.5
				A、B 级	1,2,5,10,25,50
	吹出式			B 级	0.1,0.2,0.25,0.5,1,2,5,10
单标线吸管			量出	A、B 级	1,2,3,5,10,15,20,25,50,100
单标线容量瓶			量入	A、B 级	1,2,5,10,25,50,100,200,250,500,1000,2000
量杯			量出	—	5,10,20,50,100,250,500,1000,2000
量筒	具塞		量入	—	5,10,25,50,100,200,250,500,1000,2000
	不具塞		量出入		

（一）滴定管及其使用

滴定管是具有精确刻度且内径均匀、细长的玻璃管。在滴定分析中用来准确测量放出操作溶液（标准溶液）的体积。按容量及刻度值的不同可分为常量滴定管、半微量滴定管及微量滴定管三种；按结构不同又分为普通滴定管和自动滴定管；按要求不同，有无色滴定管、棕色滴定管（用于装高锰酸钾、碘、硝酸银等溶液）及"蓝线背景"滴定管；按用途不同又分为酸式滴定管和碱式滴定管。

聚四氟乙烯酸碱两用滴定管，即旋塞是用聚四氟乙烯材料制成的，耐酸碱、耐腐蚀、不用涂油、密封性好，解决了可能由于涂油不合适，造成漏液或堵塞等问题。

酸式滴定管带有玻璃磨口旋塞，可用来控制液滴流出。碱性溶液会腐蚀磨口旋塞使其粘住不能转动，所以只能盛放非碱性的各种溶液（酸性、中性及氧化性溶液）。用带玻璃珠的乳胶管控制滴速，下端再连一尖嘴玻璃管的是碱式滴定管，可以盛放碱性溶液和非氧化性溶液，不能盛放对乳胶管有腐蚀（氧化）作用的高锰酸钾、碘、硝酸银等溶液。

在滴定分析中，为了准确测量溶液的体积，必须熟练掌握滴定管的使用方法。

1. 使用前的准备

（1）洗涤（洗涤方法见第二章第二节）。

（2）涂油 酸式滴定管旋塞涂油（起密封和润滑作用）的方法是：将滴定管中的水倒掉，平放在实验台上，抽出旋塞，用滤纸片擦去旋塞和旋塞套内的水及油污，并将一片滤纸暂时留在旋塞套内。用手指蘸少量凡士林在旋塞的粗头均匀地涂上薄而匀的一层，然后取出滤纸片在旋塞套的小头涂一薄层并以旋塞孔与滴定管平行的方向径直插入旋塞套内，然后向同一方向旋转旋塞直至从外面观察时全部透明为止，如图 3-14 所示。如发现旋转不灵活或出现纹路，说明涂油前未擦干净或凡士林涂得不合适，应重新处理。最后用小乳胶圈套在玻璃旋塞小头槽内，以免塞子松动或滑出而损坏。

碱式滴定管使用前应检查乳胶管长度是否合适，是否老化、变质，要求乳胶管内玻璃珠大小合适，能灵活控制液滴。玻璃珠过大，则在放溶液时手指很吃力，操作不方便；过小，则会漏液或在使用时上下移动。如发现不合要求，应重新装配玻璃珠和乳胶管。

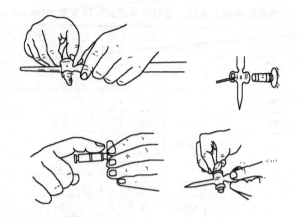

图 3-14　酸式滴定管旋塞涂油操作示意图

(3) 试漏　将涂好油的酸式滴定管充水至"0"刻度,将其直立夹在滴定台上放置 2min,观察液面是否下降,滴定管下端管口及旋塞两端是否有水渗出。将旋塞转动 180°,再静置 2min,观察是否有水渗出,若前后两次均无水渗出,即可使用,否则应重新处理。

(4) 溶液(标准溶液或待标定溶液)的装入　先将瓶中待装入溶液摇匀,使凝结在瓶内壁上的水珠混入溶液,然后将溶液直接倒入滴定管中,一般不得借助于其他容器(如烧杯、漏斗、滴管等)来转移。装溶液时,左手前三指握持滴定管上部无刻度处,并可稍微倾斜,右手握住试剂瓶瓶颈将溶液直接倒入。为了确保溶液浓度不变,必须除去滴定管内壁残留的水分,即用该溶液将滴定管润洗三次,第一次注入溶液 10mL 左右,先从出口管放出少量溶液,以冲洗旋塞下部的尖嘴部分,然后关闭旋塞,一手把住玻璃旋塞,一手拿滴定管上部,并平直地慢慢转动,使溶液流遍滴定管内壁,将溶液从上口放出一部分,其余部分从出口管放出。第二、三次可装入 5mL 左右溶液,以同样方法使溶液流遍管内壁,将溶液全部从管出口放出。注意每次都应将残液放尽。最后,关好旋塞,将溶液装入至"0"刻度以上。

(5) 赶气泡　装好溶液后,应检查滴定管的出口管是否充满溶液,旋塞附近或胶管内有无气泡。酸式滴定管赶除气泡的方法是:右手拿滴定管上部无刻度处,左手迅速打开旋塞使溶液冲出排除气泡,放出的溶液用烧杯承接,而不能把溶液放在地上。若气泡仍未排出,可重复操作或打开旋塞,同时抖动滴定管,使气泡排出,若还有气泡,可能是出口管没洗干净,须重新洗涤。

碱式滴定管赶气泡的方法是:右手拿滴定管上部无刻度处,并使管身稍微倾斜,左手拇指和食指捏住玻璃珠所在部位稍上处,使乳胶管向上弯曲,出口管倾斜向上,然后轻轻捏挤乳胶管,溶液带着气泡一起从管口喷出,如图 3-15 所示。然后再一边捏乳胶管,一边将乳胶管放直,注意待乳胶管放直后,才能松开左手拇指和食指,否则出口管仍有气泡。

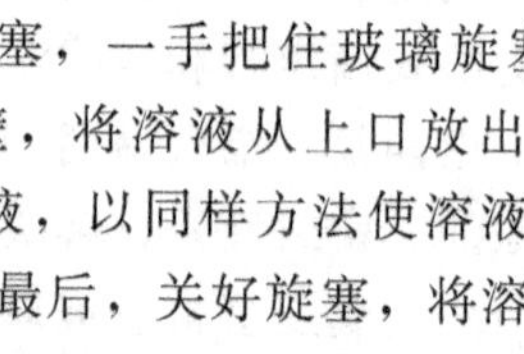

排出气泡后,装入溶液至"0"刻度以上 5mm 左右,静置 30s 后再调节液面至 0.00mL 处备用。

2. 滴定管的使用

(1) 滴定管的操作　进行滴定时,应将滴定管垂直地夹在滴定台上。

图 3-15　碱式滴定管赶气泡

① 酸式滴定管的操作：左手无名指和小指向手心弯曲，轻轻地贴着出口管，手心空握，用其余三指控制旋塞的转动，如图 3-16 所示。其中大拇指在管前，食指和中指在管后，三指平行地轻轻向内扣住旋塞柄，但要注意不要过分往里扣，以免造成旋塞转动困难，不能操作自如，更不要向外拉旋塞，以免推出旋塞造成漏液，另外，注意手心要内凹，以防触动旋塞，造成漏液。

② 碱式滴定管的操作：用左手无名指和小指夹住管出口，拇指在前，食指在后，捏住乳胶管内玻璃珠偏上部，往一旁捏乳胶管，使乳胶管与玻璃珠之间形成一条缝隙，溶液即从缝隙处流出，如图 3-17 所示。操作时应注意不要用力捏玻璃珠，不能使玻璃珠上下移动；不能捏玻璃珠下部的乳胶管，以免空气进入形成气泡；停止滴定时，应先松开大拇指和食指，然后再松开无名指和小指。

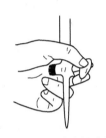

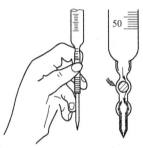

图 3-16　操作旋塞的姿势　　　　　　图 3-17　碱式滴定管的使用

（2）滴定操作　滴定最好在锥形瓶中进行，必要时也可在烧杯中进行。滴定开始前，应将滴定管尖部的液滴用一洁净的小烧杯内壁轻轻碰下。

在锥形瓶中滴定时，用右手前三指（拇指在前，食指、中指在后）握住瓶颈，无名指、小指辅助在瓶内侧，使锥形瓶底部离滴定台 2～3cm，使滴定管的尖端伸入瓶口下 1～2cm。左手按前所述规范操作控制滴定管旋塞滴加溶液，右手用腕力摇动锥形瓶，注意左右两手配合默契，做到边滴定边摇动，使溶液随时混合均匀，以利于反应迅速进行完全，操作姿势如图 3-18（a）所示。

若在碘量瓶等具塞锥形瓶中滴定时，瓶塞要夹在右手的中指与无名指之间，如图 3-18（b）所示，注意不允许放在其他地方，以免沾污。

在烧杯中进行滴定时，滴定管伸入烧杯内左后方 1～2cm，但不要靠壁太近，右手持玻璃棒在烧杯的右前方搅拌溶液，左手滴加溶液，注意用玻璃棒搅拌时要作圆周运动，但不要接触烧杯壁和底，如图 3-19 所示。

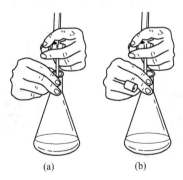

　　(a)　　　　　(b)

图 3-18　锥形瓶的摇动　　　　　图 3-19　在烧杯中进
　　　　　　　　　　　　　　　　　　行的滴定操作

滴定操作应注意以下几点。

① 滴定时左手不能离开旋塞让溶液自行流下，锥形瓶也不能离开滴定管尖端。

② 摇动锥形瓶时，应用腕力，使溶液向同一方向作圆周运动，而不能来回振荡，以免将溶液溅出，同时不准使瓶口接触滴定管尖端。

③ 滴定时眼睛要注意观察液滴着落点周围溶液颜色的变化，而不要盯着滴定管读数。滴定速度要适当，刚开始滴定时滴定速度可稍快些，一般以 3~4 滴/s 为宜，切不可成液柱流下，接近终点时滴定速度要放慢，加一滴，摇几下，最后加半滴甚至四分之一滴溶液摇动几下，直至溶液出现明显的颜色变化，准确到达终点为止。加半滴（或四分之一滴）溶液的方法如下：微微转动旋塞，使溶液悬挂在出口管尖端上，形成半滴（或四分之一滴），用锥形瓶内壁将其沾落，再用洗瓶以少量纯水将附于瓶壁上的溶液冲下，注意用纯水冲洗次数最多不超过三次，用水量不能太多，否则溶液太稀，导致终点时变色不敏锐。在烧杯中进行滴定时，加半滴（或四分之一）溶液，用玻璃棒下端承接悬挂的溶液，但不要接触滴定管尖。

用碱式滴定管滴加半滴溶液时，应先松开拇指和食指，将悬挂的半滴溶液沾在锥形瓶内壁上，以免出口管尖端出现气泡。

④ 在平行测定中，每次滴定都必须从"0.00"mL 处开始（或都从"0"mL 附近的某一固定刻度线开始），这样可以固定使用滴定管的某一段，以减少体积误差。

（3）滴定管的读数　滴定开始前，首先将装入滴定管中的溶液调至"0"刻度上 5mm 左右，静置 1~2min，再调至"0.00"刻度处，即为初读数，滴定结束后停留 0.5~1min（因滴定至近终点时放出溶液速度较慢），进行终读数。每次读数前要检查一下管壁是否挂液珠，下管口是否有气泡，管尖是否挂液珠。

规范化的读数应遵循以下规则。

① 读数时应将滴定管从滴定台上取下，用右手大拇指和食指捏住滴定管上部无刻度处（终读数捏住无溶液处即可），其他手指从旁辅助，使滴定管保持自然垂直向下。

② 由于水溶液浸润玻璃，在附着力和内聚力的作用下，使管内的液面呈弯月形，无色或浅色溶液的弯液面比较清晰，读数时（操作者身体要站正）应读弯液面下缘实线的最低点，即视线应与弯液面下缘线的最低点处在同一水平面上，如图 3-20 所示。对于有色溶液（如高锰酸钾、碘等溶液），其弯液面是不够清晰的。读数时，可读液面两侧最高点，即视线应与液面两侧最高点成水平，如图 3-21 所示。注意初读数与终读数应采用同一标准。

③ 对于蓝线衬背滴定管的读数，如是有色溶液读数方法与上述普通滴定管相同；如是无色溶液，视线应与溶液的两个弯液面与蓝线相交点保持在同一水平面上，如图 3-22 所示。

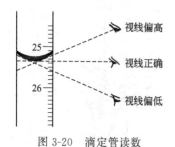
图 3-20　滴定管读数

图 3-21　深色溶液读数

图 3-22　蓝线衬背滴定管读数

④ 为了便于读数，可采用读数卡，这种方法有利于初学者练习读数，对于无色或浅色溶液，可以用黑色读数卡作为背景，读数时，将读数卡衬在滴定管背后，使黑色部分在弯液

面下约 1cm 处，此时弯液面的反射层全部成为黑色，然后读取与此黑色弯液下缘的最低相切的刻度，如图 3-23 所示。对于有色溶液，可改用白色读数卡作为背景。

⑤ 读数要求读到小数点后第二位，即估计到 ±0.01mL。并将数据立即记录在原始记录本上。

⑥ 操作溶液不宜长时间放在滴定管中，滴定结束后，应将管中溶液弃去（不得将其倒回原试剂瓶中，以免沾污整瓶溶液），并立即洗净倒置在滴定台上。如果滴定管长期不使用，酸式滴定管洗净后，将旋塞部分垫上纸，以免时间长久，塞子不易打开；碱式滴定管则应取下胶管，以免腐蚀。

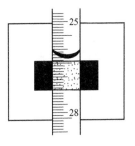

图 3-23　读数卡

（二）容量瓶（单标线容量瓶）及其使用

容量瓶是细颈梨形的平底玻璃瓶，带有玻璃磨口塞或塑料塞。它是用于测量容纳液体体积的一种"量入式量器"。容量瓶的容量定义为：在 20℃ 时，充满至刻度线所容纳水的体积，以 mL 计。

容量瓶主要用于配制标准溶液或试样溶液，也可用于将一定量的浓溶液稀释成准确体积的稀溶液。

1. 容量瓶的使用

（1）试漏　容量瓶在使用前应先检查密合性，其方法是：加自来水至容量瓶的最高标线处，盖好瓶塞，一手用食指按住瓶塞，其余手指拿住瓶颈标线以上部分，另一手用指尖托住瓶底边缘，将瓶倒置 2min，如图 3-24 所示。然后用滤纸片检查瓶塞周围是否有水渗出，如不漏水，将瓶直立，把瓶塞旋转 180° 后，再试一试，如不漏水，即可使用。

（2）溶液转移　如用水溶剂溶解固体物质配制一定体积的标准溶液，先将准确称取的固体物质置于洁净的大小合适的烧杯中，用纯水将其溶解。然后再将溶液定量转移到预先洗净的容量瓶中，转移方法是：用右手拿玻璃棒并将其伸入容量瓶，使下端靠住颈内壁，上端不碰瓶口，左手拿烧杯并将其烧杯嘴边缘紧贴玻璃棒中下部，慢慢倾斜烧杯，使溶液沿着玻璃棒和容量瓶内壁流入，要防止溶液从瓶口溢出，如图 3-25 所示，待溶液全部流完后，将烧杯沿玻璃棒轻轻上提，同时将烧杯直立，在将烧杯直立时，要保持玻璃棒垂直且与烧杯嘴贴紧，然后沿水平方向使烧杯嘴果断地与玻璃棒分开，使附在玻璃棒与烧杯嘴之间的液滴流回到烧杯中，并将玻璃棒放回烧杯中。注意勿使溶液流至烧杯或容量瓶外壁而引起损失。残留在烧杯内和玻璃棒上的少许溶液，用纯水至上而下吹洗 5～6 次（每次加 5～6mL），再按上述方法将洗涤液全部转移至容量瓶中，以完成定量转移。

图 3-24　试漏

（3）定容　将溶液定量转入容量瓶后，加纯水至容量瓶总容量的三分之二左右时，右手拿起容量瓶，按水平方向旋转几周，使溶液初步混匀。继续加纯水至距离标线约 1cm 处，放置 1～2min，使附在瓶颈内壁的溶液流下后，再用洗瓶或细长滴管滴加纯水（注意切勿使滴管接触溶液）至弯液面下缘与标线相切为止，盖紧瓶塞。

图 3-25　溶液转移操作

（4）摇匀　溶液在容量瓶中定容后，用一只手的食指按住瓶塞上部，其余四指拿住瓶颈标线以上部分，用另一只手的指尖托住瓶底边缘将容量瓶倒置并振摇数次，使瓶内气泡上升至顶部，然后使其正立，如图 3-26 所示，待溶液完全流下至标线处，如此反复操作 15 次以上，将溶液充分混合均匀。最后将容量瓶放正，打开瓶塞，使瓶塞周围的溶液流下后，重新盖紧瓶塞，再倒置振摇 3～5 次，使溶液全部混匀。

图 3-26　溶液摇匀
操作

2. 注意事项

（1）选择容量瓶的环形刻线应在颈部的适中位置。

（2）为了防止瓶塞沾污、丢失或用错，操作时可用食指与中指（或中指与无名指）夹住瓶塞的扁头，如图 3-27 所示。也可用橡皮筋或细绳将瓶塞系在瓶颈上。绝不能将其放在桌面上。

（3）容量瓶不允许放在烘箱内烘干，以免由于容积变化而影响测量的准确度，也不允许放热溶液。

（4）不要把容量瓶当作试剂瓶使用，配制好的溶液应转移到干燥、洁净的磨口试剂瓶中保存。

（5）容量瓶用完后应立即用水冲洗干净，若长期不用，磨口塞处应衬有纸片，以免久置粘结。

图 3-27　瓶塞不
离手及溶液平
摇操作

（三）吸管及其使用

吸管是用来准确量取一定体积液体的玻璃量器，吸管包括单标线吸管（移液管）与分度吸管。

单标线吸管是一根细长而中间有膨大部分（称为球体）的玻璃管，管颈上部刻有环形标线，膨大部分标有指定温度下的容积，即表示在一定温度下（一般是 20℃）移出溶液的体积。洁净的单标线吸管吸入溶液至标线以上 5mm，除去黏附于管下口外面的液体，在单标线吸管垂直状态下将下降的液面固定于标线，即弯液面的最低点与刻线的上边缘水平相切为零点。然后将管内溶液垂直放入另一稍倾斜（约 30°）的容器中，当液面降至管尖处静止后，再等待 15s，这样所流出的体积即该单标线吸管的容量。

分度吸管是具有均匀刻度的玻璃管，它可以准确量取标示范围内任意体积的溶液。使用时，将溶液吸入到与弯液面最低点相切的某一刻度，然后将溶液放出至适当刻度，两刻度之差即为放出溶液的体积。分度吸管分为完全流出式、不完全流出式和吹出式三种，见表 3-4。

1. 使用方法

（1）单标线吸管的使用　在用单标线吸管移取溶液前，为避免管壁及尖端上残留的水进入所要移取的溶液中，使溶液浓度改变，应先用吸水纸或滤纸将管尖内外的水吸干。

吸取溶液时，一般用右手大拇指及中指拿住管颈标线上方，将管直接插入待吸溶液液面下 2～3cm 处，不要插入太深，以免管外壁黏附有过多的溶液，影响量取溶液体积的准确性；也不要插入太浅，以免液面下降后造成吸空。左手拿洗耳球，将食指或拇指放在球体上方，先把球内空气压出，然后把球的尖端紧按到管口上，慢慢松开手指，使溶液逐渐吸入管内，如图 3-28 所示，与此同时眼睛既要注意管中正在上升的液面，又要注意管尖的位置，

图 3-28　吸取
溶液

管尖应随液面下降而下降。移取溶液前，要将待移取溶液倒入干燥洁净的小烧杯中一小部分，用来涮洗管内壁，先吸入单标线吸管容积的 $\frac{1}{3}$ 左右，迅速移去洗耳球，用右手食指按住上管口，将管取出后横持，左手扶住管的下端，慢慢松开右手食指，一边转动管子，一边降低上管口，使溶液接触到标线上部位和全管内壁，以置换内壁上的水分，然后将吸取的溶液从管的下口放出并弃去，如此涮洗三次，以保证移取溶液浓度不变。最后再到待吸取溶液原瓶中吸液至标线以上 5mm 左右，迅速移去洗耳球，立即用右手的食指按住管口，将管向上提使其离开液面，并将管下部黏附的少量溶液用滤纸擦干。另取一洁净的小烧杯，将管垂直管尖紧贴已倾斜的小烧杯内壁，微微松动食指，并用拇指和中指轻轻捻转吸管，使液面平稳下降，直至调至零点，立即用食指按住管口，使溶液不再流出，此时管尖不能有气泡。左手改拿接收容器，并使倾斜 30°，将管尖紧贴接收容器内壁，松开右手食指，使溶液自然流出，如图 3-29 所示。待液面下降到管尖后，再等待 15s 后取出吸管。

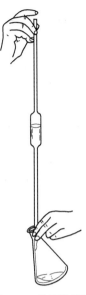

图 3-29　放溶液操作

（2）分度吸管的使用　使用分度吸管吸取溶液时，大体与上述单标线吸管操作相同。但若分度吸管的分度刻至管尖，管上标有"吹"字，并且需要从最上面的标线放至管尖时，则在溶液流至管尖后，随即从管口轻轻吹一下即可。若无"吹"字的吸管则不要吹出。

对于不完全流出式分度吸管，分度刻到离管尖尚差 1～2cm，则应让液体流至最低标线上约 5mm 处，等待 15s 再调至最低标线即可。

2. 注意事项

（1）吸管不允许放在烘箱中或加热烘干。单标线吸管和单标线容量瓶一般应配合使用，因此，使用前应作相对容积的校准。

（2）为了减小测量误差，使用分度吸管吸取溶液时，每次都应从最上的刻度为起始点，往下放出所需溶液的体积。

（3）在同一试验中，应尽可能地使用同一支分度吸管的同一段，并尽量使用管的上端部分，而不用末端收缩部分。

（4）若短时间内不用吸管时，应立即用自来水和纯水依次冲洗干净，放在管架上，不允许随便放在实验台上或其他地方。

（四）滴定分析仪器的校准

1. 玻璃量器的允差

滴定分析用的玻璃量器上所标出的刻度和容量值称为量器在标准温度 20℃ 时的标称容量。由于制造工艺的限制，量器的实际容量与标称容量之间必然存在差值，实际容量与标称容量之间允许存在的最大差值叫容量允差。根据容量允差的不同分为 A 级和 B 级。

根据国标《常用玻璃量器》JJG 196—90 中规定各类量器的容量允差如表 3-5、表 3-6 所示。

A 级品常用于准确度要求较高的分析，如原材料分析、产品分析及标准溶液的制备等。B 级品一般用于生产控制分析。对准确度要求较高的仲裁分析、科研试验以及长期使用的仪器，另外还有流入市场的不合格产品，都必须经过校准后，方可使用。

表 3-5 滴定管和吸管的容量允差（20℃）

标称容量 /mL	容量允差/±mL						
	滴 定 管		单标线吸管		分 度 吸 管		
	A 级	B 级	A 级	B 级	A 级	B 级	吹出式
100	0.10	0.20	0.08	0.16			
50	0.05	0.10	0.05	0.10	0.10	0.20	
25	0.04	0.08	0.030	0.060	0.10	0.20	
10	0.025	0.050	0.020	0.040	0.05	0.10	0.10
5	0.010	0.020	0.015	0.030	0.025	0.050	0.050
2	0.010	0.020	0.010		0.012	0.025	0.025
1			0.0007	0.015	0.008	0.015	0.015

表 3-6 单标线容量瓶的容量允差（20℃）

标称容量/mL		1	2	5	10	25	50	100	200	250	500	1000	2000
容量允差/± mL	A 级	0.010	0.015	0.020	0.020	0.03	0.05	0.10	0.15	0.15	0.25	0.40	0.50
	B 级	0.020	0.030	0.040	0.040	0.06	0.10	0.20	0.30	0.30	0.50	0.80	1.20

2. 校准方法

仪器校准常采用绝对校正法，亦称称量法或衡量法。在实际工作中，有时只需对量器进行相对校正。

（1）绝对校正法 绝对校正法是指称取滴定分析仪器某一段刻度内放出或容纳纯水的质量，根据该温度下纯水的密度，将水的质量换算为标准温度20℃时的容量，其换算公式为：

$$V_t = \frac{m_t}{\rho_t} \tag{3-2}$$

式中 V_t——t℃时水的容量，mL；

m_t——在空气中 t℃时，以砝码称得水的质量，g；

ρ_t——在空气中 t℃时水的密度，$g \cdot mL^{-1}$。

玻璃量器和水的容积均受温度和称量时空气浮力的影响，故校正时必须考虑下列三个方面的因素。

① 水的密度随温度的变化而改变，水在 3.98℃时的真空中密度为 1，高于或低于此温度密度均小于 1。

② 空气浮力对纯水质量有影响，水在空气中称得的质量必然小于在真空中称得的质量，这个减轻的质量应该加以校正。

③ 玻璃仪器因热胀冷缩，使量器的容积也随之改变。因此，在不同的温度校正时，必须以标准温度为基础加以校准。

在一定温度下，以上三个因素的校正值是一定值，可将其合并为一个总校正值。此值表示玻璃量器中容积（20℃）为 1mL 的纯水在不同温度下，于空气中用黄铜砝码称得的质量，列于表 3-7 中。利用此值可将不同温度下水的质量换算成 20℃ 时的体积，其换算公式为：

$$V_{20} = \frac{m_t}{r_t} \tag{3-3}$$

式中　r_t——玻璃量器中容积为 1mL 的水在 t℃时用黄铜砝码称量的质量；

m_t——t℃时，在空气中称得玻璃量器放出或装入的纯水质量；

V_{20}——用 r_t 将 m_t g 的纯水换算成 20℃时的体积。

表 3-7　在不同温度下玻璃容器中 1mL 水在空气中用黄铜砝码称得的质量 r_t/g

温度/℃	r_t/g	温度/℃	r_t/g	温度/℃	r_t/g	温度/℃	r_t/g
5	0.99852	14	0.99804	23	0.99660	32	0.99434
6	0.99851	15	0.99793	24	0.99638	33	0.99405
7	0.99850	16	0.99780	25	0.99617	34	0.99375
8	0.99848	17	0.99766	26	0.99593	35	0.99344
9	0.99844	18	0.99751	27	0.99569	36	0.99312
10	0.99839	19	0.99735	28	0.99544	37	0.99280
11	0.99832	20	0.99718	29	0.99518	38	0.99246
12	0.99823	21	0.99700	30	0.99491	39	0.99212
13	0.99814	22	0.99680	31	0.99468	40	0.99177

例 1　在 15℃称量 25mL 单标线吸管放出的纯水质量为 24.93g，计算该吸管在 20℃的容积和校正值。

解：查表 3-7 得 15℃时 1mL 水的质量为 0.99793g，故吸管在 20℃时容积为：

$$V_{20} = \frac{24.93}{0.99793} = 24.98(\text{mL})$$

其校正值 $\Delta V = 24.98 - 25.00 = -0.02$（mL）

例 2　在 25℃时校准滴定管，称得纯水质量为 10.08g，其标称容量为 10.10mL，求此滴定管在 20℃时实际容量和校正值。

解：查表 3-7 得 25℃时 $r_t = 0.99617$g，其实际容量为：

$$V_{20} = \frac{10.08}{0.99617} = 10.12(\text{mL})$$

其校正值　$\Delta V = 10.12 - 10.10 = +0.02$（mL）

滴定分析仪器都是以 20℃ 为标准温度来标定和校正的，使用时则不可能恰好在 20℃。如果在同一温度下配制溶液和使用，这时所引起的误差在计算时相互抵消，可不必再校正，如果在不同温度下使用，则需要校正。当温度相差不大时，玻璃仪器容积变化的数值很小，可以忽略不计，但溶液体积的变化则不可忽略。溶液体积的改变是由于溶液密度的改变所致，稀溶液密度的变化和水相近，为了便于校准在其他温度下所测量的溶液体积，表 3-8 列出了在不同温度下 1000mL 水或稀溶液换算成 20℃时，其体积应增减的体积。

例 3　在 10℃时，滴定用去 25mL 0.1mol·L^{-1}标准溶液，在 20℃时溶液的体积应为多少毫升？

解：查表 3-8 得补正值为 +1.5，则在 20℃时溶液体积为：

$$25.00 + \frac{1.5 \times 25.00}{1000} = 25.04(\text{mL})$$

表 3-8　不同标准溶液浓度的温度补正值（以 mL·L^{-1}计）

标准溶液种类 / 补正值 / 温度/℃	水和 0.5mol·L^{-1} 以下的各种水溶液	0.1mol·L^{-1} 和 0.2mol·L^{-1} 各种水溶液	盐酸溶液 $c(HCl)=$ 0.5mol·L^{-1}	盐酸溶液 $c(HCl)=$ 1mol·L^{-1}	硫酸溶液 $c\left(\frac{1}{2}H_2SO_4\right)=$ 0.5mol·L^{-1} 氢氧化钠溶液 $c(NaOH)=$ 0.5mol·L^{-1}	硫酸溶液 $c\left(\frac{1}{2}H_2SO_4\right)=$ 1mol·L^{-1} 氢氧化钠溶液 $c(NaOH)=$ 1mol·L^{-1}
5	+1.38	+1.7	+1.9	+2.3	+2.4	+3.6
6	+1.38	+1.7	+1.9	+2.2	+2.3	+3.4
7	+1.36	+1.6	+1.8	+2.2	+2.2	+3.2
8	+1.33	+1.6	+1.8	+2.1	+2.2	+3.0
9	+1.29	+1.5	+1.7	+2.0	+2.1	+2.7
10	+1.23	+1.5	+1.6	+1.9	+2.0	+2.5
11	+1.17	+1.4	+1.5	+1.8	+1.8	+2.3
12	+1.10	+1.3	+1.4	+1.6	+1.7	+2.0
13	+0.99	+1.1	+1.2	+1.4	+1.5	+1.8
14	+0.88	+1.0	+1.1	+1.2	+1.3	+1.6
15	+0.77	+0.9	+0.9	+1.0	+1.1	+1.3
16	+0.64	+0.7	+0.8	+0.8	+0.9	+1.1
17	+0.50	+0.6	+0.6	+0.6	+0.7	+0.8
18	+0.34	+0.4	+0.4	+0.4	+0.5	+0.6
19	+0.18	+0.2	+0.2	+0.2	+0.2	+0.3
20	0.00	0.00	0.00	0.00	0.00	0.00
21	-0.18	-0.2	-0.2	-0.2	-0.2	-0.3
22	-0.38	-0.4	-0.4	-0.5	-0.5	-0.6
23	-0.58	-0.6	-0.7	-0.7	-0.8	-0.9
24	-0.80	-0.9	-0.9	-1.0	-1.0	-1.2
25	-1.03	-1.1	-1.1	-1.2	-1.3	-1.5
26	-1.26	-1.4	-1.4	-1.4	-1.5	-1.8
27	-1.51	-1.7	-1.7	-1.7	-1.8	-2.1
28	-1.76	-2.0	-2.0	-2.0	-2.1	-2.4
29	-2.01	-2.3	-2.3	-2.3	-2.4	-2.8
30	-2.30	-2.5	-2.5	-2.6	-2.8	-3.2
31	-2.58	-2.7	-2.7	-2.9	-3.1	-3.5
32	-2.86	-3.0	-3.0	-3.2	-3.4	-3.9
33	-3.04	-3.2	-3.3	-3.5	-3.7	-4.2
34	-3.47	-3.7	-3.6	-3.8	-4.1	-4.6
35	-3.78	-4.0	-4.0	-4.1	-4.4	-5.0
36	-4.10	-4.3	-4.3	-4.4	-4.7	-5.3

注：1. 本表数值是以 20℃为标准温度以实测法测出的。

2. 表中带有"+"、"-"号的数值是以 20℃为分界。室温低于 20℃的补正值均为"+"，高于 20℃的补正值均为"-"。

3. 本表的用法：如 1L 硫酸溶液 $\left[c\left(\frac{1}{2}H_2SO_4\right)=1mol·L^{-1}\right]$ 由 25℃换算为 20℃时，其体积修正值为 -1.5mL，故 40.00mL 换算为 20℃时的体积为：$V_{20}=40.00-\frac{1.5}{1000}\times40.00=39.94mL$。

（2）相对校正法（亦称容量校正法）　相对校正法是比较两容器所盛液体容积的比例关系。在很多情况下，容量瓶和单标线吸管是配合使用的，如经常将一定量的物质溶解定容后，再用单标线吸管取出一部分进行分析。因此，常用校正过的单标线吸管来校正容量瓶，确定比例关系。

例如，25mL单标线吸管和250mL容量瓶相对校正，是以吸管为准，确定两者的比例关系是否为1：10，其方法如下：

取洁净的25mL吸管和250mL容量瓶，用25mL吸管准确移取纯水10次于容量瓶中，仔细观察弯液面下缘最低点是否与容量瓶上标线相切，若正好相切，说明吸管与容量瓶容积比例为1：10，并可使用原标线。若不相切表示有误差，必须再校正一次，如果与上次相同，可在容量瓶上作一新标记。经校正后的吸管与容量瓶应配套使用。

在实际工作中滴定管和单标线吸管一般采用绝对校正法，对于配套使用的吸管和容量瓶采用相对校正法。绝对校正法准确，但操作比较麻烦。相对校正法操作简单，但必须配套使用。

二、固体体积的测量

物质的密度指在规定温度 t℃下单位体积所含物质的质量，以 ρ_t 表示：

$$\rho_t = \frac{m}{V} \tag{3-4}$$

式中　m——物质的质量，g；

V——物质的体积，cm³；

ρ_t——物质的密度，g·cm^{-3}。

（一）规则外形物体体积的测量

若物体外形是规则的几何体，测量体积就变成测量几何体的某些线度。例如，物体是大立方体，用米尺很容易测量其一边长 L，再用求体积公式 $V=L^3$ 就可以算出其体积。

（二）不规则外形物体体积的测量

不规则外形物体的体积，可以用液体置换法（或称排出液体量法）测量。但用此法的前提是所测固体物质在液体中不溶和不发生反应。固体物质浸没于已知体积的液体中，根据液面上升的程度可直接测量出固体所占据的体积。

例如，用量筒装入水，读取体积（准确至0.1mL）。将欲测固体物质放入水中，完全被水浸没。轻敲或轻摇量筒以赶走可能被固体粘住的气泡。水增加的体积可从量筒刻度上读取，即为固体物质的体积。

三、气体体积的测量

气体的特点是密度小，流动性大，不易称取质量。所以在气体分析中常用测量体积的方法来代替称取质量。气体体积的测量一般用量气管和气量表。

（一）量气管法

1. 单臂量气管

如图3-30所示，图中（a）是最简单的带有刻度的玻璃量气管，末端用橡皮管与水准瓶相连，顶端与取样管或大气相通，当提高水准瓶时液面上升，将管中气体赶出（这时顶端与大气相通）。当降低水准瓶时液面下降，将样气吸入（此时顶端与样气相通），注意取样气前，必须用样气置换量气管2～3次，最后吸取所需样气，读数时必须将量气管的液面与水准瓶液面对齐（处在同一水平面上）。

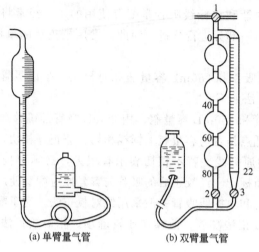

(a) 单臂量气管　　　　(b) 双臂量气管

图 3-30　量气管

2. 双臂量气管

如图 3-30 所示，（b）是右臂具有分度值为 0.05mL 体积的带有均匀刻度的细管，左臂由 4 个等体积的玻璃球组成的双臂量气管，总体积为 100mL。当旋塞 1 与大气相通，打开旋塞 2、3，升高水准瓶液面上升，将量气管中的气体赶出。当旋塞 1 与样气相通，先关闭旋塞 3，降低水准瓶，将样气引入左臂中，读取样气体积，关闭旋塞 2，打开旋塞 3，样气流入右臂中，关闭旋塞 1，读取右臂中样气体积，两臂中气体体积之和为所取样气体积。如 46.85mL 气体时，用左臂量取 40mL，右臂量取 6.85mL，总体积即为 46.85mL。

3. 量气管的校正

对于精确的测量必须进行校正。校正方法和滴定管校正相似。

（二）气量表

在动态情况下测量大体积的气体，实际上是在某一时间内（例如 1h），以一定的流速通过的气体体积，这就必须使用流量计或流速计。下面介绍湿式流量计和转子流量计。

1. 湿式气体流量计

湿式气体流量计如图 3-31 所示。由金属筒构成，内盛半筒水，绕轴转动的金属鼓轮将筒分成四个小室。气体通过轴从仪表背面的中心进气口进入，进入的气体推动金属鼓轮转动，并不断将气体排出，鼓轮的旋转轴与筒外刻度盘上的指针相连，指针所指示的读数，即为试样的体积，刻度盘上的指针每转一圈一般为 5L，也有 10L 的。

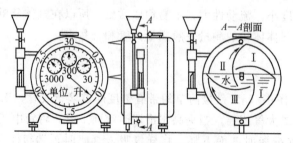

图 3-31　湿式气体流量计

湿式气体流量计，在测量气体体积总量时，其准确度较高，特别是小流量时，误差较小。但不易携带。

2. 转子流量计

转子流量计是由上粗下细但相差不大的锥形玻璃管和一个上下浮动且比被测流体重的转子组成，如图3-32所示。转子一般用铜、铝、有机玻璃、塑料等材料制成。其上部平面略大并刻有斜槽，操作时可发生旋转，故称转子。流体从玻璃管底部进入，从顶部流出，当上升力大于转子在流体中的净重力（转子重力减去流体对转子的浮力）时，转子上升，当上升力等于转子的净重力时，转子处于平衡状态，即停留在管内一定位置上。转子在玻璃管内位置的高低表示了流量的大小，位置越高，流量越大，反之，流量越小。在玻璃管的外表面上刻有流量的读数，根据转子的停留位置，即可读出被测流体的流量。在生产现场使用转子流量计比较方便。但用吸收管进行采样时，在吸收管与转子流量计之间须接一个干燥管，否则湿气凝

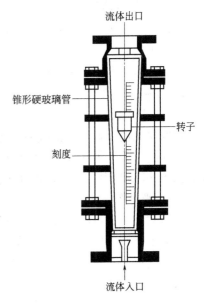

图 3-32 转子流量计

结在转子上，将改变转子的质量而产生误差。转子流量计的准确性比流量计差，使用时也要进行校正。

思　考　题

1. 玻璃量器分几个等级？国标规定玻璃量器的标准温度是多少？

2. 什么叫标称容量？什么叫容量允差？

3. 酸式滴定管和碱式滴定管分别可以装入什么溶液？不可以装入什么溶液？

4. 酸式滴定管如何涂油？如何试漏？

5. 两种滴定管应分别如何持握？往滴定管中加入操作溶液前为什么要用操作溶液涮洗三次以上？如何操作？

6. 两种滴定管在调零前为什么赶气泡？如何赶除气泡？

7. 滴定管中装无色、有色溶液如何读数？对于蓝线衬背的滴定管装无色溶液应如何读数？

8. 容量瓶如何试漏？用固体物质配制标准溶液应如何转移、定容和摇匀？

9. 用吸管吸取溶液前如何用待吸溶液涮洗？如何调整液面和放出溶液？

10. 使用吸管时应注意哪些事项？

11. 18℃时，称得标称容量为100mL单标线容量瓶中容纳纯水的质量为99.86g，计算该容量瓶在20℃时的实际容积是多少毫升？

12. 在15℃时进行滴定分析，用去30.00mL 0.1mol·L^{-1}标准溶液，在20℃时溶液的体积应是多少毫升？

实验 3-2　滴定管、容量瓶和吸管的使用

一、实验目的

1. 学习滴定管、容量瓶、吸管的使用方法；

2. 初步掌握滴定分析仪器的校正方法；

3. 掌握分析天平的称量操作。

二、仪器和药品

仪器：分析天平、托盘天平、温度计、洗耳球、酸式滴定管、碱式滴定管、单标线吸管、分度吸管、容量瓶、烧杯、锥形瓶、具塞锥形瓶、滴管、玻璃棒、量筒等。

药品：重铬酸钾、浓硫酸。

三、实验步骤

1. 配制铬酸洗液

称取研细的工业用重铬酸钾 5.0g，置于 250mL 烧杯中，加入 10mL 纯水，加热使其溶解。冷却后，慢慢加入 82mL 浓硫酸，边加边搅拌，并注意观察铬酸洗液的颜色，配好并冷却后倒入 250mL 磨口瓶中，盖好瓶盖，贴好标签，备用。

2. 仪器洗涤

用铬酸洗涤液将滴定管、单标线容量瓶、单标线吸管和分度吸管洗涤至壁内外不挂水珠为止。如果所用仪器不太脏，一般可用中性洗衣粉溶液洗涤。

3. 操作练习

(1) 滴定管的使用

① 酸式滴定管准备与使用

涂油──→试漏──→装溶液──→赶气泡──→调零──→滴定──→读数──→结束。

② 碱式滴定管准备与使用

试漏──→装溶液──→赶气泡──→调零──→滴定──→读数──→结束。

(2) 单标线容量瓶的使用

试漏──→转移溶液（以水代替）──→稀释──→平摇──→稀释──→调液面──→摇匀。

(3) 单标线吸管和分度吸管的使用

① 25mL 单标线吸管

涮洗──→吸液──→调液面──→放液（放至锥形瓶中）。

② 10mL 分度吸管

涮洗──→吸液──→调液面──→放液（按不同刻度把溶液放入锥形瓶中）。

思　考　题

1. 酸式滴定管与碱式滴定管赶气泡的操作方法有什么不同？读数时应注意哪些事项？
2. 往滴定管中装操作溶液时，为什么必须从试剂瓶中直接加入到滴定管中？
3. 从单标线吸管中放出溶液时，为什么当管内液面下降到管尖后再等待 15s 才能取出吸管？
4. 从滴定管中放纯水于具塞锥形瓶中时应注意哪些问题？

实验 3-3　滴定终点练习

一、实验目的与要求

1. 掌握滴定管的滴定操作技术；
2. 学会观察与判断滴定终点。

二、实验原理

两物质发生化学反应，当两物质的量相当时，即恰好按照化学计量关系定量反应时，就到达了化学计量点。为了正确确定化学计量点，常在被测溶液中加入一种指示剂，它在化学计量点时发生颜色变化，这种滴定过程中指示剂颜色变化的转折点称"滴定终点"，简称

"终点"。

一定浓度的氢氧化钠和盐酸溶液相互滴定到达终点时所消耗的体积比应是一定的，可用此来检验滴定操作技术及判断终点的能力。

甲基橙指示剂，它的变色 pH 范围是 3.0（红）～4.4（黄），pH 在 4.0 附近为橙色。用盐酸溶液滴定氢氧化钠溶液时，终点颜色由黄到橙，而由氢氧化钠溶液滴定盐酸溶液，则由橙变黄。判断橙色，对于初学者有一定的难度，所以在做滴定终点练习之前应先练习判断终点。练习方法是：在锥形瓶中加入约 25mL 水及 1 滴甲基橙指示剂，从碱式滴定管中放出 1～2 滴氢氧化钠溶液，观察其黄色，再从酸式滴定管中加盐酸溶液，观察其橙色，如此反复滴加氢氧化钠和盐酸溶液，直至能做到加半滴氢氧化钠溶液由橙变黄，而加半滴盐酸溶液由黄变橙为止，以达到能控制加入半滴溶液。

三、仪器与药品

仪器：托盘天平、酸式和碱式滴定管、单标线吸管、烧杯、量筒、试剂瓶、锥形瓶、玻璃棒、洗耳球等。

药品：浓盐酸、固体氢氧化钠、$1g \cdot L^{-1}$ 甲基橙指示剂、$10g \cdot L^{-1}$ 酚酞指示剂、甲基橙-溴甲酚绿混合指示剂。

四、实验步骤

（一）酸碱标准溶液的配制

1. $c(HCl) = 0.1mol \cdot L^{-1} HCl$ 标准溶液的配制

用量筒量取浓盐酸约 4.5mL，倒入加有约 500mL 纯水的烧杯中，可用玻璃棒初步搅拌均匀，再转入试剂瓶中，摇匀，贴好标签，在标签上写明试剂名称、配制浓度、配制日期、班级及配制者姓名。

2. $c(NaOH) = 0.1mol \cdot L^{-1} NaOH$ 标准溶液的配制

用表面皿在托盘天平上迅速称取固体氢氧化钠 100g，溶于 100mL 水中，搅拌均匀，注入聚乙烯容器中，密闭放置至溶液清亮（一般教师预先配好作为公用试剂）。用塑料管虹吸 2.5mL 的上层清液，注入 500mL 无 CO_2 的纯水中，摇匀，贴好标签。

（二）滴定终点练习

1. 以甲基橙为指示剂，用酸滴定碱

以 3～4 滴/s 的速度，由碱式滴定管中放出 20.00mL $0.1mol \cdot L^{-1} NaOH$ 标准溶液于已洗净的 250mL 锥形瓶中，加入 1 滴甲基橙指示剂，用 $0.1mol \cdot L^{-1} HCl$ 标准溶液滴定，开始滴定时，滴落点周围无明显的颜色变化，滴定速度可快些（3～4 滴/s）。当滴落点出现暂时性的颜色变化（淡橙色）时，应一滴一滴地加入盐酸溶液，随着颜色消失渐慢，应更加缓慢地滴入溶液，接近终点时，颜色扩散到整个溶液，摇动 1～2 次才消失，此时应加入一滴，摇几下，最后加入半滴溶液，并用纯水冲洗瓶壁。至溶液由黄色突然变为橙色，记录盐酸的用量，再放出 2.00mL 氢氧化钠溶液，继续用盐酸溶液滴定至橙色，记录盐酸用量，如此连续滴定五次，直至所用盐酸溶液的用量相差不超过 0.02mL，而且能够准确判断滴定终点为止。

2. 用甲基红-溴甲酚绿代替甲基橙，用酸滴定碱

按 1. 所述方法，用混合指示剂代替甲基橙，终点颜色由绿变为暗红色，并记录盐酸溶液的用量。

3. 以酚酞为指示剂，用碱滴定酸

用单标线吸管吸取 25.00mL $c(HCl)=0.1mol \cdot L^{-1}$ HCl 溶液于洁净的 250mL 锥形瓶中；加入 2 滴酚酞指示剂，用 $c(NaOH)=0.1mol \cdot L^{-1}$ NaOH 溶液滴定至溶液由无色变为浅粉红色 30s 不退为终点。记录氢氧化钠溶液的用量，准确至 0.01mL。如此平行测定四份，要求所用氢氧化钠溶液的体积相差不超过 0.02mL，而且能准确判断滴定终点。

思 考 题

1. 用于滴定的锥形瓶或烧杯是否需要干燥？要不要用操作溶液涮洗？
2. 如何控制和判断滴定终点？

第三节　温度的测量

温度是物体冷热程度的物理量。温度是确定物质状态的一个基本参量，物质的许多特征参数与温度有着密切关系。在化学实验中，准确测量和控制温度是一项十分重要的技能。

一、测温计（温度计）

温度计的种类、型号多种多样，常用的温度计有玻璃液体温度计、热电偶温度计、热电阻温度计等。实验时可根据不同的需要选用不同的温度计。

（一）玻璃液体温度计

1. 玻璃液体温度计的构造及测温原理

玻璃液体温度计是将液体装入一根下端带有玻璃泡的均匀毛细管中，液体上方抽成真空或充以某种气体。为了防止温度过高时液体胀裂玻璃管，在毛细管顶部一般都留有一膨胀室，如图 3-33 所示。由于液体的膨胀系数远大于玻璃的膨胀系数，毛细管又是均匀的，故温度的变化可反映在液柱长度的变化上。根据玻璃管外部的分度标尺，可直接读出被测液体的温度。

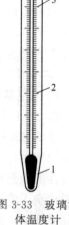

玻璃液体温度计中所充液体不同，测温范围也不同。如充水银称水银温度计，测温范围 $-30 \sim 750℃$；充酒精称酒精温度计，测温范围 $-65 \sim 165℃$；充甲苯称甲苯温度计，测温范围 $0 \sim 90℃$。

2. 水银玻璃温度计的校正及使用

水银玻璃温度计是最常用的一种玻璃液体温度计，尽管水银膨胀系数小于其他感温液体的膨胀系数，但它有许多优点：易提纯、热导率大、膨胀均匀、不易氧化、不沾玻璃、不透明、便于读数等。普通水银温度计的测量范围在 $-30 \sim 300℃$ 之间，如果在水银柱上的空间充以一定的保护气体（常用氮、氩、氢气，防止水银氧化和蒸发），并采用石英玻璃管，可使测量上限达 750℃。若在水银中加入 8.5% 的铊，可测到 $-60℃$ 的低温。

图 3-33　玻璃液体温度计
1—玻璃感温泡；
2—毛细管；
3—刻度标尺；
4—膨胀室

（1）水银温度计的校正

水银温度计分全浸式和局浸式两种。前者是将温度计全部浸入恒定温度的介质中与标准温度计比较来进行分度的，后者在分度时只浸到水银球上某一位置，其余部分暴露在规定温度的环境之中进行分度。如果全浸式做局浸式温度计使用，或局浸式使用时与制作时的露茎温度不同，都会使温度示值产生误差。另外，温度计毛细管内径不均匀、毛细管现象、视差、温度计与介质间是否达到热平衡等许多因素都会引起温度计读数误差。

① 零点校正（冰点校正）　玻璃是一种过冷液体，属于热力学不稳定体系，体系随时间

有所改变；另一方面，玻璃受到暂时加热后，玻璃球不能立即回到原来的体积。这两种因素都会引起零点的改变。检定零点的恒温槽称为冰点器，如图3-34所示。容器为真空杜瓦瓶，起绝热保温作用，在容器中盛以冰（纯净的冰）水（纯水）混合物。最简单的冰点仪是颈部接一橡皮管的漏斗，如图3-35所示。漏斗内盛有纯水制成的冰与少量纯水，冰要经粉碎、压紧，被纯水淹没，并从橡皮管放出多余的水。检定时，将事先预冷到−3～−2℃的待测温度计垂直插入冰中，使零线高山冰表面5mm，10min后开始读数，每隔1～2min读一次，直到温度计水银柱的可见移动停止为止。由三次顺序读数的相同数据得出零点校正值±Δt。

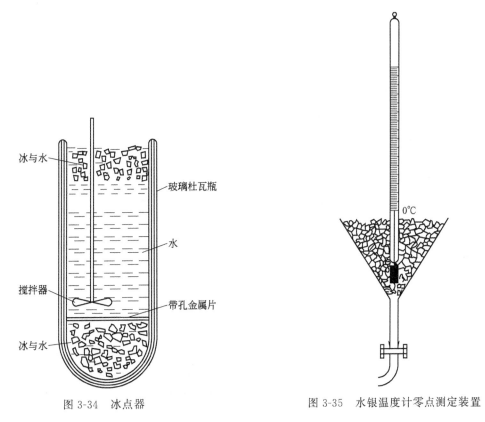

图 3-34　冰点器　　　　　　　　图 3-35　水银温度计零点测定装置

② 示值校正　水银温度计的刻度是按定点（水的冰点及正常沸点）将毛细管等分刻度的。由于毛细管内径、截面不可能绝对均匀及水银和玻璃膨胀系数的非线性关系，可能造成水银温度计的刻度与国际实用温标存在差异。所以必须进行示值校正。校正的方法是用一支同样量程的标准温度计与待校正温度计同置于恒温槽中进行比较，得出相应的校正值，调节恒温槽使处于一系列恒定温度，得出一系列相应的校正值，作出校正曲线，如图3-36所示。其余没有检定到的温度示值可由相邻两个检定点的校正值线性内插而得。也可以纯物质的熔

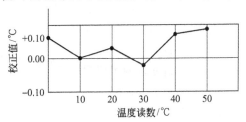

图 3-36　水银温度计示值校正曲线

点或沸点作为标准。

③ 露茎校正　利用全浸式水银温度计进行测温时，如其不能全部浸没在被测体系（介质）中，则因露出部分与被测体系温度不同，必然存在读数误差。因为温度不同导致了水银和玻璃的膨胀情况也不同，对露出部分引起的误差进行的校正称为露茎校正，校正方法如图 3-37 所示。校正值按下式计算：

$$\Delta t = kl(t_{观} - t_{环}) \tag{3-5}$$

式中　Δt——温度校正值；

　　　　k——水银对玻璃的相对膨胀系数，$k = 0.000157$；

　　　　l——测量温度计水银柱露在空气中的长度（以刻度数表示）；

　　　　$t_{观}$——测量温度计上的读数（指示被测介质的温度）；

　　　　$t_{环}$——附在测量温度计上辅助温度计的读数。

露茎校正后的温度为：

$$t_{校} = t_{观} + \Delta t \tag{3-6}$$

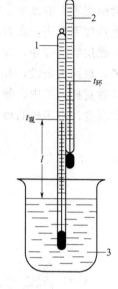

图 3-37　露茎校正示意图
1—测量温度计；2—辅助温度计；3—被测体系

（2）水银温度计使用注意事项

① 根据实验需要对温度计进行零点校正、示值校正及露茎校正。

② 先将温度计冲洗干净，将温度计尽可能垂直浸在被测体系内（玻璃泡全部浸没），禁止倒装或倾斜安装。

③ 水银温度计应安装在振动不大、不易碰的地方，注意感温泡应离开容器壁一定距离。

④ 为防止水银在毛细管上附着，读数前应用手指轻轻弹动温度计。

⑤ 读数时视线应与水银挂凸面位于同一水平面上。

⑥ 防止骤冷骤热，以免引起温度计破裂和变形；防止强光、辐射和直接照射水银球。

⑦ 水银温度计是易碎玻璃仪器，且毛细管中的水银有毒，所以绝不允许做搅拌、支柱等它用，要避免与硬物相碰。如温度计需插在塞孔中，孔的大小要合适，以防脱落或折断。

⑧ 温度计用完后，冲洗干净，保存好。

（二）接点温度计

接点温度计也是一种玻璃水银温度计，其构造与普通水银温度计不同，如图 3-38 所示。在毛细管水银上面悬有一根可上下移动的铂丝（触针），并利用磁铁的旋转来调节触针的位置。另外，接点温度计上下两段均有刻度，上段由标铁指示温度，它焊接上一根铂丝，铂丝下段所指的位置与上段标铁所指的温度相同。它依靠顶端上部的一块磁铁来调节铂丝的上下位置。当旋转磁铁时，就带动内部螺旋杆转动，使标铁上下移动，下面水银槽和上面螺旋杆引出两根线作为导电与断电用。当恒温槽温度未达到上端标铁所指示的温度时，水银柱与触针不接触；当温度上升达到标铁所指示的温度时，铂丝与水银柱接触，并使两根导线导通。

接点温度计是实验中使用最广泛的一种感温元件。它常和继电器、加热器组成一个完整的控温恒温系统。在这个系统中接点温度计的主要作用是探测恒温介质的温度，并能随时把温度信息送给继电器，从而控制加热开关的通断。它是恒温槽的感觉中枢，是提高恒温槽精度的关键所在。接点温度计的使用方法如下。

（1）将接点温度计垂直插入恒温槽中，并将两根导线接在继电器接线柱上。

（2）旋松接点温度计调节帽上的固定螺丝，旋转调节帽，将标铁调到稍低于欲恒定的温度。

（3）接通电源，恒温槽指示灯亮（表示开始加热），打开搅拌器中速搅拌。当加热到水银与铂丝接触时，指示灯灭（表示停止加热），此时读取 1/10℃温度计上的读数。如低于欲恒定温度，则慢慢调节使标铁上升，直至达到欲定温度为止。然后固定调节螺帽。

使用注意事项如下。

① 接点温度计只能作为温度的触感器，不能作为温度的指示器（因接点温度计的温度刻度很粗糙）。恒温槽的温度必须由 1/10℃温度计指示。

② 接点温度计不用时应将温度调至常温以上保管。

③ 防止骤冷骤热，以防破裂。

（三）热电偶温度计

由 A、B 两种不同材料的金属导体组成的闭合回路中，如果使两个接点Ⅰ和Ⅱ处在不同温度（如图 3-39），回路里就产生接触电动势，这叫热电势，这一现象称为热电现象。热电现象是热电偶测温的基础。接点Ⅰ是焊接的，放置在被测温度为 t 的介质中，称为工作端（或热端）；另一接点Ⅱ称为参比端，在使用时这端不焊接，而是接入测量仪表（直流毫伏计或高温计）。参比端的温度为 t_0，通常就是室温或某个恒定温度（0℃），故参比端又常称为冷端。接连测量仪表处，有第三种金属导线 C 的引入（如图 3-40 所示），但这对整个线路的热电势没有影响。

实验指出，在一定温度范围内，热电势的大小只与两端的温差（$t - t_0$）成正比，而与导线的长短、粗细、导线本身的温度分布无关。由于冷端温度是恒定的，因此只要知道热端温度与热电势的依赖关系，便可由测得的热电势推算出热端温度。利用这种原理设计而成的温度计称为热电偶。

热电偶的使用方法及注意事项如下。

① 正确选择热电偶：根据体系的具体情况来选择热电偶。例如：易受还原的铂-铂铑热电偶，不应在还原气氛中使用；在测量温度高的体系时，不能使用低量程的热电偶。

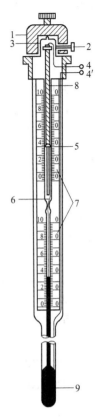

图 3-38 接点温度计

1—调节帽；2—调节帽固定螺丝；3—磁铁；4—螺丝杆引出线；4'—水银槽引出线；5—指示标铁；6—触针；7—刻度板；8—调节螺丝杆；9—水银槽

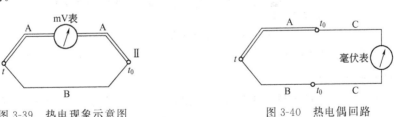

图 3-39 热电现象示意图   图 3-40 热电偶回路

② 使用热电偶保护管：为了避免热电偶遭受被测介质的侵蚀和便于安装，使用保护管是必要的。根据温度要求，可选用石英、刚玉、耐火陶瓷作保护管。低于 600℃时可用硬质玻璃管。

③ 冷端要进行补偿：表明热电偶的热电势与温度的关系的分度表，是在冷端温度保持 0℃时得到的，因此在使用时最好能保持这种条件，即直接把热电偶冷端，或用补偿导线把

冷端延引出来，放在冰水浴中。

④ 温度的测量：要使热端温度与被测介质完全一致，首先要求有良好的热接触，使二者很快建立热平衡；其次要求热端不向介质以外传递热量，以免热端与介质永远达不到平衡而存在一定误差。

⑤ 热电偶经过一段时间使用后可能有变质现象，故每一副热电偶在实际使用前，都要进行校正，可用比较检定法，也可用已知熔点的物质进行校正，作出工作曲线。

二、温度的控制

在某些实验中不仅要测量温度，而且需要精确地控制温度。常用的控温装置是恒温槽，而在无控温装置的情况下，可以用相变点恒温介质浴来获得恒温条件。

（一）相变点恒温介质浴

恒温介质浴是利用物质在相变时温度恒定这一原理来达到恒温目的。常用的恒温介质有液氮（－196℃）、干冰-丙酮（－78.5℃）、冰-水（0℃）、沸点丙酮（56.5℃）、沸点水（100℃）、沸点萘（218.0℃）、熔融态铅（327.5℃）等。

相变点介质浴是一种最简单的恒温器。它的优点是控温稳定，操作方便。缺点是恒温温度不能随意调节。从而限制了使用范围；使用时必须始终保持相平衡状态，若其中一项消失，介质浴温度会发生变化，因此此介质浴不能保持长时间温度恒定。

（二）恒温槽

1. 恒温槽的组成

恒温槽由浴槽、加热器、搅拌器、接点温度计、继电器和温度计等部件组成，如图3-41所示。

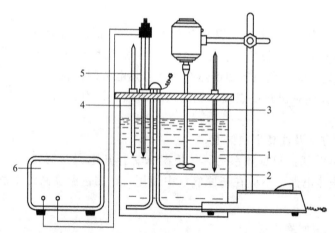

图 3-41　常温恒温槽构件组成

1—浴槽；2—加热器；3—搅拌器；4—1/10℃温度计；5—水银定温计；6—恒温控制器

（1）浴槽和恒温介质

通常选用 10～20L 的玻璃槽（市售超级恒温槽浴槽为金属筒，并用玻璃纤维保温）。恒温温度在 100℃ 以下大多采用水浴。恒温在 50℃ 以上的水浴面上可加一层石蜡油，超过 100℃ 的恒温用甘油、液体石蜡等作恒温介质。

（2）温度计

通常用 1/10℃ 的温度计测量恒温槽内的实际温度。

（3）加热器

常用的是电阻丝加热圈。其功率一般在 1kW 左右。为改善控温、恒温的灵敏度，组装的恒温槽可用调压变压器改变炉丝的加热功率（501 型超级恒温槽有两组不同功率的加热炉丝）。

（4）搅拌器

搅拌器的作用是使介质能上下左右充分混合均匀，即使介质各处温度均匀。

（5）接点温度计

又称水银定温计，它是恒温槽的感温元件，用于控制恒温槽所要求的温度。

（6）继电器

继电器与接点温度计、加热器配合作用，才能使恒温槽的温度得到控制，当恒温槽中的介质未达到所需要控制的温度时，插在恒温槽中的接点温度计水银柱与上铂丝是断离的，这一信息送给继电器，继电器打开加热器开关，此时继电器红灯亮表示加热器正在加热，恒温槽中介质温度上升，当水温升到所需控制温度时，水银柱与上铂丝接触，这一信号送给继电器，它将加热器开关关掉，此时继电器绿灯亮，表示停止加热。水温由于向周围散热而下降，从而接点温度计水银柱又与上铂丝断离，继电器又重复前一动作，使加热器继续加热。如此反复进行，使恒温槽内水温自动控制在所需要温度范围内。

2. 恒温槽的灵敏度

恒温槽的控温有一个波动范围，反映恒温槽的灵敏程度。而且搅拌效果的优劣也会影响到槽内各处温度的均匀性。所以灵敏度就是衡量恒温槽好坏的主要标志。控制温度的波动范围越小，槽内各处温度越均匀，恒温槽的灵敏度就越高。它除了与感温元件、电子继电器有关外，还与搅拌器的效率、加热器的功率和各部件的布局情况也有关。

恒温槽灵敏度的测定是在指定温度下，用较灵敏的温度计测量温度随时间的变化，然后作出温度-时间曲线图（灵敏度曲线）。如图 3-42 所示。若温度波动范围的最高温度为 t_1，最低温度为 t_2，则恒温槽的灵敏度 t_0 为：

$$t_0 = \pm \frac{t_1 - t_2}{2} \tag{3-7}$$

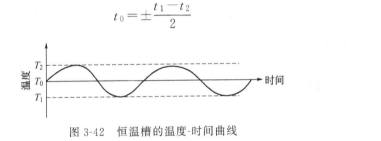

图 3-42　恒温槽的温度-时间曲线

不同类型的恒温槽，灵敏度不同。恒温槽中恒温介质的温度不是一个恒定值，只能恒定在某一温度范围内，所以恒温槽温度的正确表示应是一个恒定的温度范围，如 (50 ± 0.1)℃。

3. 恒温槽的使用方法

（1）玻璃恒温槽

① 将恒温槽的各部件安装好，连接好线路，加入纯水至离槽口 5cm 处。

② 旋松接点温度计上部调节帽固定螺丝，旋转调节帽，使指示标铁上端调到低于所需恒温温度 1～2℃处，再旋紧固定螺丝。

③ 接通电源，打开搅拌器，调好适当的速度。

④ 接通加热器电源。先将加热电压调至 220V，待接近所需温度（约相差 0.5～1℃）时，降低加热电压（80～120V）。注意观察恒温槽的水温和继电器上红绿灯的变化情况，再仔细调节接点温度计（一般调节帽转一圈温度变化 0.2℃左右），使槽温逐

渐升至所需温度。

⑤ 在恒温槽水温正好处于所需恒温温度时，若左右旋转接点温度计的调节帽，那么继电器上红绿灯就交替交换，在此位置上旋紧固定螺丝，以后不再动。

（2）501 型超级恒温槽

① 501 型超级恒温槽附有电动循环泵。可外接使用，将恒温水压到待测体系的水浴槽中。还有一对冷凝水管，控制冷水的流量可以起到辅助恒温作用。

② 使用时首先连好线路，用橡胶管将水泵进出口与待测体系水浴相连，若不需要将恒温水外接，可将泵的进出水口用短橡胶管连接起来。注入纯水至离盖板 3cm 处。

③ 旋松接点温度计调节帽上的固定螺丝，旋转调节帽，使指示标线上端调到低于所需温度 1～2℃处，再旋紧固定螺丝。

④ 接通总电源，打开"加热"和"搅拌"开关。此时加热器，搅拌器及循环泵开始工作，水温逐渐上升。待加热指示灯红灯熄绿灯亮时，断开"加热"开关（加热开关控制1000W 电热丝专供加热用，总电源开关控制 500W 电热丝供加热、恒温两用）。

⑤ 再仔细调节接点温度计，使槽温逐渐升至所需温度。在此温度下，若左右旋转接点温度计的调节帽应调至继电器上红绿灯交替变换，旋紧固定螺丝后不再动。

使用注意事项如下。

① 接点温度计只能作为定温器，不能作温度的指示器。恒温槽的温度必须用专用测温的水银温度计。

② 一般用纯水做恒温介质。若无纯水而只能用自来水做恒温介质时，则每次使用后应将恒温槽清洗一次，防止水垢积聚。

③ 注意被恒温的溶液不要进入槽内。若有沾污，则要停用、换水。

④ 用毕应将槽内的水倒出、吸尽，并用干净布擦干，盖好槽盖，套上塑料罩。

实验 3-4　恒温槽的安装和使用

一、实验目的与要求

1. 了解恒温槽构造和恒温原理，初步掌握恒温槽的安装和调试技术；

2. 掌握温度调节器和温度控制器的使用方法；

3. 测定恒温槽纵向和径向温度分布。

二、仪器

玻璃缸（容量 10L）	一个	接点温度计	一支
搅拌器（功率 40W）	一台	电子继电器	一台
加热器	一只	调压变压器	一台
1/10℃温度计	一支	秒表	一块

三、实验步骤

（一）练习安装恒温槽

1. 按图 3-41 安装好仪器。

2. 在玻璃缸中加入纯水（或自来水）至离槽缸口 5cm 处。

3. 根据电子继电器背面接头位置，连接好所有线路，调压变压器串联接在电子继电器和加热器之间。

4. 仔细检查各线路接头是否按规定连接，经老师检查无误后，方可接通电源。

（二）调节恒温槽温度到指定温度（25℃）

1. 轻轻旋转接点温度计上的调节帽，将标铁调到比指定温度低 1～2℃。

2. 打开电动搅拌器，调好适当的搅拌速度。

3. 将调压变压器调到 220V，打开加热器电源，此时电子继电器的红灯亮，表示正在加热。当电子继电器绿灯亮时，表示停止加热。

4. 在加热过程中应仔细观察恒温槽中指示温度计的温度，当继电器上绿灯亮，而恒温槽水温尚未到指定温度时，则顺时针旋转接点温度计调节帽（一般转一周，温度变化 0.2℃），使加热器重新加热。直至继电器绿灯亮（红灯刚刚熄灭）时，指示温度计上的读数恰好是指定温度；反之，若继电器红灯亮，而恒温槽水温已到指定温度时，则逆时针旋转接点温度计调节帽，使之停在继电器绿灯刚亮的位置上。

5. 当恒温槽温度达到指定值后，应认真观察加热器通与断的时间（借助继电器上的指示灯）是否大致相等，以及通与断的周期是否较短。否则应通过调整调压器的加热电压，以及调节接点温度计的位置或适当加快搅拌速度来达到上述要求。

6. 待恒温槽调节到 25℃ 恒温后，观察指示温度计读数，利用停表，每隔 30s 记录温度一次，测定时间约 60min。

（三）测定恒温槽纵向和径向温度分布

选择恒温槽 3 个纵向部位 3 个径向部位（由实验者自己选择），测定各部位的温度。

四、实验记录和数据处理

1. 用表格列出时间和温度值。

2. 以时间为横坐标，温度为纵坐标，绘制温度-时间曲线。计算 25℃ 时恒温槽的灵敏度。

3. 表示恒温槽纵向和径向温度分布情况。

五、注意事项

1. 连接好恒温槽线路后，经老师检查无误后再插电源插头。

2. 恒温槽内介质温度以专用指示温度计上的读数为准。

3. 恒温槽在加热过程中温度接近指定温度时（约相差 0.5℃），应适当降低加热电压，减小加热功率。

4. 在调节接点温度计时，每次调节后要及时旋紧调节帽上的固定螺丝。

5. 搅拌器和接点温度计应放在加热器的附近，以减小滞后现象。

6. 测定灵敏度曲线，恒温槽的温度最好高于室温 10℃ 左右。

第四节　压力的测量

压力是单位面积上的力，用来描述体系状态的一个重要参数。物质的许多物理性质，例如熔点、沸点、蒸气压几乎都与压力有关。在物质的相变和气相化学反应中压力有很大的影响。所以，压力的测量具有重要的意义。就实验室中说，压力应用范围高至气体钢瓶压力，低至真空系统的真空度。

一、压力的表示方法

压力是指均匀垂直作用于单位面积上的力，又称压力强度，或简称压强。

根据国际单位制规定，压力的单位为帕斯卡，简称帕（Pa），1 帕为 1 牛顿每平方米，而 $1Pa=1N/m^2$。压力的倍数单位还有 GPa（10^9Pa）、MPa（10^6Pa）、kPa（10^3Pa）、mPa

$(10^{-3}\,Pa)$ 和 $\mu Pa(10^{-6}\,Pa)$。

压力有绝对压力、表压力、负压（真空度）之分，它们之间的关系可用图 3-43 表示。

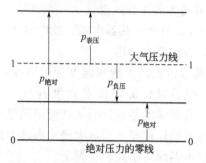

图 3-43 绝对压力、表压力和负压（真空度）的关系

通常按真空度的获得和测量方法的不同，将整个真空区域分划为以下四个范围：

粗真空 $1.01325 \times 10^5 \sim 1.33 \times 10^3\,Pa$

低真空 $1.33 \times 10^3 \sim 1.33 \times 10^{-1}\,Pa$

高真空 $1.33 \times 10^{-1} \sim 1.33 \times 10^{-6}\,Pa$

超高真空 $1.33 \times 10^{-6} \sim 1.33 \times 10^{-10}\,Pa$

二、气压计

在实验室中常用来测量大气压强的仪器是福廷式气压计。如图 3-44 所示。

（一）使用方法和步骤

（1）检查气压计是否垂直放置 气压计应在垂直下读数。若不垂直可旋松气压计底部圆环上的三个螺旋，令气压计铅直悬挂，再拧紧这三个螺旋使其固定即可。

（2）调节汞槽中汞的基准面 慢慢旋转底部螺旋，升高汞槽中的汞面，利用槽后面白瓷板的反光，注视汞面与象牙针间的空隙，直到汞面与象牙尖相接触，然后轻弹一下铜管上部，使铜管上部汞的弯曲面正常，这时象牙针与汞面的接触应没有什么变动。

（3）调节游标尺 转动控制游标螺旋，使游标的下沿高于水银柱面。然后慢慢下降，直到游标尺的下沿边及后窗活盖的下沿边与管中汞柱的凸面相切，这时，观察者的眼睛和游标尺前后的两个下沿边应在同一水平面。

（4）读数方法 读数标尺上的刻度单位有 mm（Hg）和 mPa 两种。

① 以 mmHg❶ 为刻度单位的读数方法如下。

整数部分的读法：先看游标的零线在刻度标尺的位置，如恰与标尺上某一刻度相吻合，则该刻度为气压计读数。例如，游标零线与标尺上 760 相吻合，气压读数为 760.0mmHg，如果游标零线在 761 与 762 之间，则气压计读数的整数部分即为 761，再由游标确定小数部分。

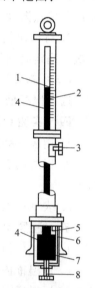

图 3-44 福廷式气压计

1—游标；2—刻度标尺；3—游标调整螺丝；4—汞；5—象牙针；6—玻璃筒；7—皮袋；8—液面调整螺丝

---

❶ 1mmHg=133.322Pa。

小数部分的读法：在游标上找出一根与标尺上某一刻度相吻合的刻度线，此游标读数即为小数部分，如 761.5mmHg。

② 以 mPa 为刻度单位的气压计读数方法同上。但整数部分为四位数，如 1011.5mPa。同时记下气压计的温度。

（5）读数后转动气压计底部的调节螺旋，使汞面下降到与象牙针完全脱离，避免象牙针尖磨秃。

（二）使用注意事项

（1）气压计必须垂直安装。

（2）用完后象牙针要与汞面隔开。

安全警示：汞易挥发，吸入体内易引起慢性中毒。一旦把汞洒落在桌面和地上，必须尽可能收集起来，并用硫黄粉盖在洒落地面上，充分搅拌，使汞转化成不挥发的硫化汞。

三、U 形压力计的使用和校正

用一两端开口的垂直 U 形玻璃管，管中盛以适量的工作液体，并在玻璃管后垂直放置一读数刻度标尺即可构成一 U 形压力计，如图 3-45 所示。读数的零点刻在标尺中央，管内指示液充到刻度尺的零点外。指示液须与被测液体不互溶，不反应，而且密度比被测液体的大，实验室中 U 形压力计的工作液体通常选择水和水银。因水银与水对玻璃的润湿情况不同，所以液面的情况也不同，读数时，视线应与弯液面的最高点或最低点相切。这种压力计的优点是结构简单，制作容易，使用方便，能测量微小的压差。缺点是示值与工作液体有关，读数不方便。

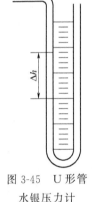

图 3-45　U 形管
水银压力计

测量时将 U 形管的一端连至待测压力系统，另一端连至已知压力的基准系统，如图 3-45 所示，管内充以水银，所测得的两水银柱高度差是待测压力系统与基准系统间的压差。计算待测压力的关系式为：

$$p_{系统} = p_{基准} + \Delta h \rho g \tag{3-8}$$

式中　Δh——样品与基准水银柱高度差；

　　　ρ——水银的密度；

　　　g——重力加速度。

U 形管水银压力计可用来测量两气体压力差，气体绝对压力（基准系统为很接近于零的压力）和系统的真空度（基准系统为大气压）。

U 形管水银压力计的读数需作温度校正（因水银的密度随温度不同而有变化，刻度尺的长度也有变化），即对水银的体胀系数和标尺的线胀系数加以校正。校正公式为：

$$\Delta h_0 = \frac{1+\beta t}{1+\alpha t} \Delta h = \Delta h - \Delta h \frac{\alpha t - \beta t}{1+\alpha t} \tag{3-9}$$

式中　Δh_0——将读数校正到 0℃时的读数；

　　　Δh——压力计读数；

　　　t——测量计的温度；

　　　α——水银在 0～35℃间的平均体胀系数，取值为 0.0001819；

　　　β——刻度标尺的线胀系数。木质标尺线胀系数为 10^{-6}，可以忽略不计。

若不考虑木质刻度标尺的线胀系数，则校正公式简化如下：

$$\Delta h_0 = \Delta ht(1-0.00018t) \tag{3-10}$$

对精密的测量也要作纬度和海拔高度的校正。

四、弹簧管压力计及真空表

弹簧管压力计是利用各种金属弹性元件受压后产生弹性变形的原理而制成的测压仪表。图 3-46 为弹簧管压力表示意图。

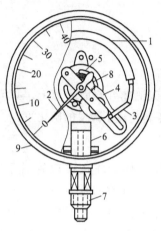

图 3-46　弹簧管压力表
1—金属弹簧管；2—指针；
3—连杆；4—扇形齿轮；
5—弹簧；6—底座；
7—测压接头；8—小齿轮；
9—外壳

当弹簧管内的压力等于管外的大气压时，表上指针指在零位读数上；当弹簧管内的液体压力大于管外的大气压时，则弹簧管受压，使管内椭圆形截面扩张而趋向于圆形，从而使弧形管伸张而带动连杆，由于这一变形很小，所以用扇形齿轮和小齿轮加以放大，以便使指针在表面上有足够的幅度，指出相应的压力读数，这个读数就是被测量流体的表压。

如果被测量气体或液体的压力低于大气压，可用弹簧管真空表，它的构造与弹簧管压力表相同，当弹簧管内的流体压力低于管外大气压时，弹簧管向内弯曲，表面上指针从零位数向相反方向转动，所指出的读数为真空度。

有的弹簧管压力表将零位读数刻在表面中间，可用来测量表压，也可以测量真空度，称为弹簧管压力真空表。但若测量体系内压力在 133.3Pa 以下，则需要用真空表。

在选用弹簧管压力表时，为了保证指示的正确可靠，正常操作压力值应介于压力表测量上限（表面最大读数）的 $\frac{1}{3} \sim \frac{2}{3}$ 之间。另外，还要考虑被测介质的性质，如温度高低，黏度大小，腐蚀强弱，脏污程度，易燃易爆，还要考虑现场的环境条件，以此来确定压力表的种类、材质及型号等。

弹簧管压力计和真空表的特点是：结构简单牢固，读数方便迅速，测压范围很广，价格较便宜，但准确度较差。在工业生产和实验室中应用十分广泛。

五、电测压力计

电测压力计由压力传感器、测量电路、电性参数指示器三部分组成。以 BFP-1 型负压电测压力计为例，其传感器外形、结构及测压原理如图 3-47 所示。

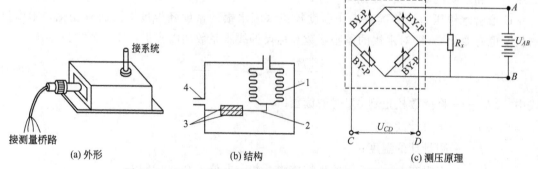

(a) 外形　　　　　(b) 结构　　　　　(c) 测压原理

图 3-47　BFP-1 型负压传感器外形、内部结构及测压原理
1—波纹管；2—应变梁；3—应变片（两侧前后共四块）；4—导线引出孔

测量时，在一定的工作电压 U_{AB} 下，调节电位器 R_x 使测量电桥处于平衡状态，这时，输出电位差 $U_{CD}=0$，表示传感器内部受压与大气压相等。

随后将传感器接入负压系统，感受压力通过波纹管底部作用在应变梁的自由端，应变梁发生挠曲，导致应变片产生机械变形，使电桥偏离平衡。于是桥路输出端输出与压差成正比的电位差 U_{CD}，即得所对应的压力值。

参 考 文 献

[1] 北京师范大学《化学实验规范》编写组编著. 化学实验规范. 北京：北京师范大学出版社，1990.
[2] 孙尔康，吴琴媛等编. 化学实验基础. 南京：南京大学出版，1991.
[3] 刘秀儒编著. 实验室技术与安全. 北京：机械工业出版社，1994.
[4] 王瑛主编. 分析化学操作技能. 北京：化学工业出版社，1992.
[5] 刘世纯主编. 分析化验工. 北京：化学工业出版社，1993.
[6] 董树岐等编. 化学教学手册. 长春：吉林人民出版社，1984.
[7] 孙丕均等编. 实验室法定计量单位实用手册. 北京：中国标准出版社，1992.
[8] 吴万全主编. 石油与化工标准术语辞典. 长春：吉林人民出版社，1993.
[9] 刘宗明主编. 化学实验操作经验集锦. 北京：高等教育出版社，1990.
[10] 蔡贵珍主编. 化验室基本知识及操作：上册. 武汉：武汉工业大学出版社，1995.
[11] 南开大学化学系无机化学课程组编. 基础无机化学实验. 天津：南开大学出版社，1991.
[12] 胡绍枫等编译. 基础化学实验. 北京：化学工业出版社，1991.
[13] 黄德丰等编. 化工小产品生产法：第三集（下）. 长沙：湖南科学技术出版社，1989.
[14] 李楚芝主编. 分析化学实验. 北京：化学工业出版社，1995.
[15] 周庆余主编. 工业分析综合实验. 北京：化学工业出版社，1990.
[16] 南开大学化学系物理化学教研室编. 物理化学实验. 天津：南开大学出版社，1991.
[17] 李广洲，陆真编著. 化学教学论实验. 第2版. 北京：科学出版社，2006.
[18] 浙江大学化学系郭伟强主编. 大学化学基础实验. 北京：科学出版社，2005.
[19] 朱湛，傅引霞主编. 无机化学实验. 北京：北京理工大学出版社，2007.
[20] 王建梅，刘晓薇主编. 化学实验基础. 第2版. 北京：化学工业出版社，2007.
[21] 杨丰科，孟广华主编. 安全工程师基础教程——安全技术. 北京：化学工业出版社，2004.